SÉRIE H. — N° 40.

# GUIDE PRATIQUE

# DU VIGNERON

## Culture, Vendange & Vinification

PAR

## FLEURY-LACOSTE

Président de la Société centrale d'Agriculture
du département de la Savoie, Membre
de plusieurs Sociétés savantes.

2 FRANCS.

## PARIS

**Librairie scientifique, industrielle et agricole**

Eugène **LACROIX**, éditeur

LIBRAIRE DE LA SOCIÉTÉ DES INGÉNIEURS CIVILS

15, quai Malaquais.

# GUIDE PRATIQUE
# DU VIGNERON.

L'auteur et l'éditeur se réservent le droit de traduire ou de faire traduire cet ouvrage en toutes les langues. Ils poursuivront conformément à la loi et en vertu des traités internationaux toute contrefaçon ou traduction faite au mépris de leurs droits.

Le dépôt légal de cet ouvrage a été fait à Paris à l'époque de décembre 1865, et toutes les formalités prescrites par les traités sont remplies dans les divers États avec lesquels il existe des conventions littéraires.

Tout exemplaire du présent ouvrage qui ne porterait pas, comme ci-dessous, ma griffe, sera réputé contrefait, et les fabricants et débitants de ces exemplaires seront poursuivis conformément à la loi.

BIBLIOTHÈQUE DES PROFESSIONS INDUSTRIELLES ET AGRICOLES.

SÉRIE H. — N° 40.

# GUIDE PRATIQUE

# DU VIGNERON

## Culture, Vendange & Vinification

PAR

## FLEURY LACOSTE

Président de la Société centrale d'Agriculture
du département de la Savoie , Membre
de plusieurs Sociétés savantes.

PARIS

**Librairie scientifique, industrielle et agricole**

**Eugène LACROIX, éditeur**

LIBRAIRE DE LA SOCIÉTÉ DES INGÉNIEURS CIVILS

15, quai Malaquais.



1866

# INTRODUCTION.

Le *Guide pratique du Vigneron*, que j'ai publié le 1er janvier de cette année, a été accueilli par un grand nombre de mes collègues vignerons de plusieurs départements avec un empressement qui m'a causé une véritable satisfaction. Et cependant ils sont en général bien défiants, les vignerons ! Obtenir leur confiance n'est point chose facile... Aussi ai-je été fier de les amener à douter de la routine, en les faisant entrer dans la voie de la discussion et de la culture rationnelle !

Aujourd'hui je publie une nouvelle édition de mon *Guide pratique ;* j'y ajoute les traités de la vendange et de la vinification, dans lesquels j'ai condensé de mon mieux les observations que j'ai pu faire dans une pratique de plus de trente ans.

Ainsi, ce livre, petit à son origine, va trouver aujourd'hui sa place dans une collection importante, et, — sous le patronage de l'éditeur de la Bibliothèque des professions industrielles et agricoles, — il va s'adresser aux vignerons de la France.

Les grands principes de culture de la vigne ne sont pas aussi localisés qu'on a bien voulu le dire, et un peu de discernement suffit pour faire une juste et utile application de théories étudiées et pratiquées par des cultivateurs non prévenus et patients, qui exposent simplement le résultat de saines observations consacrées par le temps et par l'expérience.

Quoi qu'on en dise, les grands et immuables principes de la physiologie végétale sont encore bien loin d'avoir livré tous leurs secrets, et, pendant longtemps peut-être, il faudra se contenter des règles qui sont le fruit de l'observation pratique.

Tant que la science n'aura pas prononcé d'une façon définitive et certaine, l'agriculture, la viticulture, devront sagement s'en tenir aux leçons de l'expérience.

C'est donc mon expérience qui fait le fond de ce *Guide pratique du Vigneron* : là est certainement son plus grand mérite, je ne me le dissimule pas ; mais l'expérience ne saurait s'improviser, c'est un bien qui s'acquiert lentement et auquel il faut, ce me semble, faire participer les plus nouveaux dans la carrière agricole !

Cruet, le 10 octobre 1865.

# GUIDE PRATIQUE DU VIGNERON.

## PREMIÈRE PARTIE.

### Principes généraux de la Culture rationnelle de la Vigne basse.

#### CULTURE EN LIGNES.

§ 1er. — La culture en lignes est pour la vigne la meilleure des cultures. En voici les principales raisons :

1o Toutes les façons deviennent plus promptes et plus faciles, car il est évident que le terrage, la fumure, le palissage, le pinçage et la vendange se font plus régulièrement et plus facilement ;

2o Les rayons du soleil échauffent mieux et plus directement chaque cep, et dans l'intervalle des lignes, la terre étant plus fortement échauffée pendant le jour, rend ensuite cette chaleur aux ceps pendant une grande partie de la nuit ;

3º Enfin on obtient encore, par cette disposition des ceps en lignes, une meilleure aération, ce qui est très-utile, puisque le renouvellement de l'air paraît donner une grande activité à la végétation et faciliter beaucoup la maturation du bois et du fruit.

### VIGNES BASSES.

§ 2. — Plus les bras d'un cep sont rapprochés du sol, plus on apprécie les avantages ci-dessus indiqués.

### DISTANCE D'UN CEP A L'AUTRE.

§ 3. — La distance d'un cep à l'autre doit être d'un mètre en tous sens. Cet espace est nécessaire pour qu'un cep puisse avoir de bonnes et vigoureuses racines et se maintenir dans un état de fertilité convenable. Mais si l'inclinaison du sol permet de faire usage de la charrue vigneronne pour les labours et sarclages, alors cette distance doit être d'un mètre vingt centimètres d'une ligne à l'autre, et un mètre sur la ligne.

### ORIENTATION.

§ 4. — Les rangs de la vigne doivent être disposés autant que possible du nord au midi.

### DE LA TAILLE.

§ 5. — Lorsqu'un cep est constitué, c'est-à-dire lorsqu'il a quatre ans de plantation ou deux ans de provignage, si c'est une vieille vigne mise en lignes par le couchage, on doit donner à chaque cep une branche à bois et une branche à fruit. A ces deux nouveaux noms de branche à bois et de branche à fruit, nos braves vignerons se sont d'abord récriés, et ne voulaient pas entendre parler de ce *nouveau système de culture!* Aujourd'hui ils commencent à reconnaître que ce système n'a rien de nouveau, et que c'est tout simplement celui qu'on a suivi jusqu'à présent pour nos treillages élevés, et cela de temps immémorial. M. Jules Guyot a donc eu l'heureuse idée d'appliquer cet ancien système à la culture de la vigne basse; il a pensé, avec raison, qu'en donnant à la vigne un plus grand essor, il favoriserait la nature si éminemment expansive de ce précieux arbrisseau, et augmenterait ses produits d'une manière considérable : c'est ce qui est arrivé... En effet, qu'on donne le nom de *branche à fruit* à ce que nous appelons *archet*, *sortie* ou *cordon* dans nos anciens treillages ; qu'on se serve du nom de *branche à bois* en parlant du *crochet* que nous conservons pour avoir un *nouvel archet* l'année suivante, n'est-ce pas le même système, le même but et le même résultat? Y a-t-il la moindre différence dans ces deux manières de tailler la vigne? Mais non vraiment, si ce n'est la hauteur de nos treillages et le plus grand développement qu'on peut donner aux ceps en raison de la plus grande surface de terrain qui est à leur disposition ; mais, toutes choses égales d'ailleurs, c'est un long bois qui donne des fruits, et un crochet qui est destiné à donner un nouveau bois l'année suivante. Cette vérité une fois reconnue, comment est-il possible de croire que ce système appliqué à la vigne basse puisse l'épuiser et lui devenir si fatal? Voilà cependant ce qui a été dit et répété bien des fois! Nos vignerons ont-ils pensé une seule fois à l'épuisement des ceps de leurs treillages en faisant des archets, des sorties, des cordons sur des longueurs vraiment fabuleuses? Qu'ils réfléchissent donc que l'épuisement de la vigne basse n'est point à redouter, puisqu'on ne lui demande qu'une petite branche à fruit parfaitement en rapport avec la surface du terrain dont peut disposer chaque cep, et conforme à sa hauteur et à la vigueur de sa végétation. Cette branche à fruit aura dans sa plus grande extension 1 mètre, et sera réduite suivant sa force et la santé du cep à 80 centimètres, 50 centimètres, 20 centimètres et même 15, s'il le faut.

N'existe-t-il pas de petites treilles basses sur les sentiers, ou servant de lignes de séparation entre plusieurs propriétaires? Ces petites treilles ont ordinairement de longs sarments entortillés autour d'une perche de saule, et ces longues branches à fruit ne donnent-elles pas une plus grande quantité de raisins que le reste des ceps taillés à court bois? Les ceps de ces petites treilles s'épuisent-ils plus vite que les ceps mutilés à deux yeux? Mais au contraire, car ces généreux ceps, qui ne reçoivent point d'engrais, vivent plus longtemps que les autres, parce qu'ils ne sont pas épuisés par là taille courte. Comment alors les vignerons, témoins de ces faits incontestables, n'ont-ils jamais eu l'idée de multiplier ces petites treilles dans le reste de la vigne? C'est très-curieux et c'est même incroyable!

A QUELLE ÉPOQUE ON DOIT TAILLER LA VIGNE BASSE.

§ 6. — On doit faire l'opération de la taille à deux époques différentes. La première, que nous appelons *taille sèche*, doit se faire en février ou dans les premiers jours de mars, c'est-à-dire *avant tout mouvement séveux*. On coupe alors, le plus près possible de la souche, tous les sarments inutiles, les vieux bras, les anciens crochets, etc., etc., et on ne conserve sur chaque cep que deux des plus beaux sarments. Ces deux sarments doivent rester dans la position verticale, après avoir été nettoyés des vrilles et des contre-bourgeons qui se trouvent dans leur prolongement. Plus tard un de ces sarments sert de branche à fruit, et l'autre est taillé à deux yeux francs pour donner l'année suivante deux nouvelles branches qui remplacent celles de l'année courante.

La seconde taille doit être faite le plus tard possible, si l'on veut éviter les *blanches gelées tardives* et *la coulure*. Le moment qui me paraît le plus favorable est celui où la vigne ne donne plus de pleurs lorsqu'on la taille. C'est donc le climat, l'exposition et le sol qui contribuent à avancer ou à retarder cette époque de la végétation. Pour être certain de procéder en temps opportun, le vigneron doit aller visiter sa vigne dans la dernière semaine d'avril; il coupe alors l'extrémité de deux ou trois sarments; si la vigne pleure, il ne doit pas encore tailler; le lendemain ou deux jours après il y retourne, et si la vigne pleure encore au coup de sécateur, il ajourne son opération... ; lorsque les bourgeons sont bien développés et sont déjà adultes, la sève ascendante se trouve complétement absorbée et ne paraît plus au coup de sécateur ; alors on taille définitivement. Le sarment le plus élevé est couché horizontalement pour servir de branche à fruit, et le plus rapproché du sol est taillé à deux yeux pour servir de branche à bois. On évite par ce procédé l'exhaussement trop prompt des ceps, puisque l'année suivante cette branche à fruit est ravalée près de la souche, ce qui diminue d'autant la hauteur du cep.

Les vignes plantées en foule et taillées à court bois, comme on taille dans le pays, doivent aussi être soumises à une taille tardive. Voici ce que je pratique avec un succès constant depuis plus de quinze ans : en février, taille sèche et nettoiement complet de tous les rameaux, cornes ou bras inutiles. Je laisse à chaque cep deux beaux sarments. Ces sarments sont taillés plus tard et forment les cornes à deux yeux comme on le fait dans le pays. J'attends pour faire cette taille que les bourgeons de l'extrémité supérieure des sarments soient bien développés et ouverts, et que de petites feuilles aient fait leur apparition ; alors je suis à même de voir si les yeux placés près de la tête du cep sont vraiment bons, car il arrive souvent que dans cette position les yeux sont avariés par les froids de l'hiver, et que si la taille est hâtive, on conserve des yeux qui sont inutiles. Or, si un œil est avarié, je taille au-dessus du troisième et au-dessus du quatrième, si les deux premiers yeux sont morts ; la taille doit toujours se faire dans l'intersection de l'œil supérieur et jamais près de l'œil qu'on veut conserver : il paraît que la moëlle contenue dans l'intersection médullaire d'un œil à l'autre joue un assez grand rôle dans le développement normal de l'œil inférieur.

Les deux bourgeons, étant retardés de quinze jours, n'ont point encore débourré lorsque ceux de l'extrémité des rameaux ont déjà de petites feuilles.

La floraison de ces bourgeons inférieurs est donc retardée de près de quinze jours. On évite ordinairement par ce retard les pluies, les brusques changements de température et les nuits encore très-froides des premiers jours de juin. Les vignes voisines, soumises à la taille hâtive, sont alors en pleine fleur, et dans ces fâcheuses conditions atmosphériques la coulure y exerce de grands ravages. Les vignes taillées tard ne souffrent presque pas, et la floraison s'accomplit le plus heureusement possible. C'est donc exceptionnellement que mes vignes souffrent de la coulure.

La végétation des vignes soumises à la taille tardive ne laisse rien à désirer sous le rapport du bois et du fruit; elle a au contraire une supériorité incontestable, puisque les raisins sont toujours plus gros et plus fournis que ceux provenant des ceps taillés de bonne heure. Quant à la maturité du bois et du fruit, elle est égale au moins à celle des autres vignes. Contre des faits aussi évidents, que peut-on répliquer?

## DES LABOURS.

§ 7. — Sauf l'enfouissement du fumier et les opérations de provignage qui nécessitent des mouvements de terre assez considérables, toutes les façons données à la vigne n'ont pour but que la propreté et l'azotage de 5 à 8 centimètres du sol. La vigne s'accommode mieux d'une terre ferme et foulée que d'une terre légère et souvent remuée.

Dans notre région, le premier labour doit se faire dans les premiers jours de mai, et n'avoir, comme nous l'avons déjà dit, que 5 à 8 centimètres de profondeur.

Si je conseille de ne pas aller plus profond, c'est dans l'intention de préserver le chevelu supérieur des ceps de toute atteinte et de tout déchirement. Ce chevelu se développe dans nos climats tempérés à 12 ou 15 centimètres de la surface du sol. J'ai reconnu par des expériences nombreuses que ce chevelu jouait un très-grand rôle dans les phénomènes de la formation et de la nourriture du fruit. Or, d'après cette conviction, si on déchire, si on mutile ces précieuses petites racines au moment même où elles doivent fonctionner avec le plus d'activité, on doit porter un immense préjudice aux jeunes grappes qu'elles paraissent former et alimenter. Alors la coulure est la conséquence ordinaire de cette fâcheuse opération. On obtient, il est vrai, de beau bois, mais peu ou point de fruit. Un labour de 5 à 8 centimètres de profondeur suffit donc pour rapprocher le chevelu de la bienfaisante influence de l'air atmosphérique et favoriser l'azotage du sol.

Comme je l'ai répété cent fois, il n'y a rien d'absolu en agriculture, et la profondeur où se développe le précieux chevelu doit indiquer au vigneron intelligent la profondeur qu'il peut donner au labour; car, dans certains climats chauds, ce chevelu ne peut vivre et se développer qu'à une profondeur de 25 à 30 centimètres... C'est là le milieu qui lui convient et qui lui donne une fraîcheur et une humidité convenables. Le labour, dans ces climats, doit donc se faire plus profond, pour que le chevelu se trouve dans les mêmes conditions que dans les climats tempérés.

Les façons qui suivent ne sont plus que des râclages superficiels, qui ont pour but la disparition des plantes étrangères et le maintien de la surface du sol toujours propre, libre et ouverte.

On doit répéter ces sarclages ou râclages chaque fois que de nouvelles herbes font leur apparition.

## ÉBOURGEONNAGE.

§ 8. — L'ébourgeonnage consiste à enlever, dès qu'ils ont 12 à 15 centimètres de longueur, tous les bourgeons de la branche à fruit qui n'ont pas de raisin, ainsi que tous ceux qui sont inutiles à la taille à venir.

## DU PINÇAGE.

§ 9. — Le pinçage est l'opération par laquelle on rogne tous les bourgeons de la branche à fruit, afin de ne pas leur laisser prendre un trop grand développement par la pousse d'un bois inutile.

Dans nos pays tempérés, il faut pincer ces bourgeons à trois et même à quatre feuilles au-dessus de la grappe la plus élevée. C'est ordinairement avant la floraison qu'on pratique ce pinçage, mais j'ai reconnu d'une manière évidente qu'il ne fallait pas pincer les bourgeons peu forts et peu vigoureux.

Après ce pinçage des plus beaux bourgeons, on voit se développer des contre-bourgeons sur ces bourgeons pincés. On doit surveiller ces contre-bourgeons et les arrêter dans leur trop grande végétation en les pinçant à une ou deux feuilles.

Le bourgeon terminal de la branche à fruit doit être conservé un peu plus long que les autres. Ce bourgeon devient alors un appel de sève, et sa plus grande expansion paraît être utile au mouvement séveux sur toute l'économie de la branche à fruit et même du corps du cep en général.

Je recommande essentiellement de ne pincer que les bourgeons vigoureux ; mais lorsqu'ils sont courts, minces et chétifs, il ne faut point les déranger dans leur premier développement. J'ai reconnu que le pinçage de ces bourgeons était un obstacle à la maturation de leur bois, c'est-à-dire que la partie inférieure, celle qui est la plus rapprochée du vieux bois, mûrissait assez convenablement, et qu'à partir de la moitié de son prolongement le bois restait vert. Alors les raisins inférieurs mûrissaient assez bien, mais ceux qui se trouvaient dans la partie supérieure ne mûrissaient qu'à moitié.

Cette inégalité de maturation m'a vivement frappé

et j'ai obtenu un succès certain en ne pinçant que les bourgeons vigoureux. Enfin, n'oublions jamais qu'il ne faut pas laisser la sève se perdre en pousses inutiles.

### PALISSAGE SUR FIL DE FER ET ROGNAGE.

§ 10. — Le palissage est une condition physiologique de l'existence de la vigne; les deux bourgeons de la branche à bois doivent être fixés au grand échalas sans jamais être pincés; les contre-bourgeons ou éperons qui se développent sur ces deux rameaux de la branche à bois doivent être pincés à deux feuilles. On évite par ce moyen d'arrêter le mouvement séveux et on garantit la complète fécondation de l'œil qui est à côté de chaque contre-bourgeon.

A la fin de juillet, un peu avant la sève d'août, on rogne ces deux sarments de la branche à bois à la hauteur du grand échalas. Cette opération active la maturation du bois, refoule la sève sur les fruits et contribue au développement des contre-bourgeons dont je viens de parler. En pinçant ces contre-bourgeons, on évite l'épuisement du cep, puisqu'on arrête la trop grande expansion d'un bois inutile; mais, en supprimant complétement ces contre-bourgeons, on arrête pendant plusieurs jours le mouvement régulier de la sève, et voici comment j'explique ce phénomène : Si on enlève le contre-bourgeon ou éperon, il se forme à la place qu'il occupait un petit vide ou cicatrice qui donne immédiatement des pleurs; cette perte de sève porte un grave préjudice au développement du bourgeon principal, ainsi qu'à l'organisation normale de l'œil qui est à côté. Si cet œil se trouve sur les rameaux de la branche à bois, le préjudice a des conséquences bien plus graves, puisqu'il est destiné à donner du fruit l'année suivante. Cette perte de sève ne cesse que lorsqu'un nouveau contre-bourgeon fait son apparition à la même place occupée par le premier; ce phénomène arrive dix à douze jours après la suppression.

Le palissage sur fil de fer est le plus économique et le meilleur. Si les ceps sont à 1 mètre de distance en tout sens, c'est 10,000 échalas de 1$^m$60 qu'il faut pour un hectare. L'échalas se plante à côté du pied du cep, afin de pouvoir y fixer facilement les rameaux de la branche à bois. En tête de chaque ligne, on plante un piquet un peu solide, en bois de chêne ou châtaignier, à 40 ou 50 centimètres de profondeur; son élévation au-dessus du sol doit être de 60 centimètres. Un fil de fer n° 14 est tendu sur le sommet des piquets de l'extrémité des lignes, et se trouve par conséquent à 60 centimètres de la surface du sol. Quelques petits piquets de la même hauteur sont placés de distance en distance, suivant les inclinaisons du sol, et servent encore de point d'appui au fil de fer en question.

Un second fil de fer est tendu à 20 centimètres du sol et vient se fixer aux piquets de tête de ligne, ainsi qu'aux petits piquets intermédiaires. La branche à fruit se lie sur ce dernier fil de fer, et les bourgeons de cette branche à fruit sont ensuite liés avec de la paille au fil de fer supérieur. Il est généralement reconnu par tous les hommes pratiques que les fruits d'une vigne bien palissée et bien soutenue sont plus beaux et meilleurs que ceux d'un cep abandonné à lui-même. Il n'y a donc plus d'hésitation à avoir si l'on veut obtenir quantité et qualité.

## TEMPS A CHOISIR POUR DONNER LES FAÇONS A LA VIGNE.

§ 11. — Il faut éviter de pincer, rogner, ébourgeonner, palisser, etc., etc., après les grandes pluies, à cause du mauvais état du sol. Un, temps doux et couvert, plutôt humide que sec, favorise la cicatrisation des plaies. Il faut donc attendre pour donner une façon à la vigne que le sol soit ressuyé. L'absence complète d'adhérence de la terre aux instruments de culture et aux pieds est l'indication la plus précise; il en est de même pendant que le sol est gelé et surtout après.

## DU TERRAGE ET DES ENGRAIS.

§ 12. — Tant qu'une vigne pousse des sarments d'un mètre et plus de longueur, elle n'a besoin ni d'engrais ni d'amendement.

Aussitôt que la végétation des sarments tombe au-dessous d'un mètre, il faut soutenir la vigne par des terrages ou des engrais.

Voici dans quelle proportion on doit fumer la vigne : Dans les bons sols, une fumure de la moitié du poids de la vendange est toujours suffisante. Dans les sols moins riches, la fumure doit être égale au poids de la vendange.

Le fumier d'écurie est classé comme le meilleur des engrais, mais comme il est assez difficile de s'en procurer une quantité suffisante, voici le conseil que je donne aux vignerons :

Mélangez du fumier de ferme avec de la terre nouvelle, des buis, des feuilles, des sarments coupés en morceaux de 20 centimètres de longueur, des grappes de raisin après la distillation des marcs, et mieux encore avant cette distillation ; ajoutez à ce mélange des râclures de cour, des boues de grandes routes, des cendres de lessive, suies de cheminée, des herbes de jardin et celles arrachées dans les vignes (moins cependant le chiendent), des résidus de fosse d'aisance, les eaux de cuisine, les rinçures de tonneaux ; arrangez le tout par couches successives, et que la terre soit toujours placée en contact avec le fumier d'écurie. Ce genre de compost est très-précieux pour la vigne. Aussitôt que le tas a 1 mètre 30 centimètres d'élévation, commencez un autre tas. Arrosez tous les mois avec le purin d'écurie, et six mois après vous aurez un terreau riche en principes fertilisants et d'une durée plus considérable que celle du fumier d'écurie.

Voilà plus de trente ans que j'étudie ce compost, et je puis affirmer que j'obtiens les plus beaux résultats en employant ce procédé. J'ai donc trouvé le moyen de quintupler la quantité d'engrais dont je pouvais disposer. La question capitale pour la culture de la vigne n'est-elle pas la faculté de se procurer des engrais ? La *terre nouvelle* servant de base à mes terreaux, enrichit le sol d'une manière durable, car c'est pour ainsi dire un renouvellement de terre végétale très-riche en principes fertilisants que je mets en contact avec le chevelu fructifère des ceps.

## A QUELLE ÉPOQUE ON DOIT FUMER.

§ 13. — La fumure de la vigne doit se faire avant l'hiver : le mois de novembre est l'époque la plus favorable, si le temps est beau. On creuse un petit fossé dans le milieu de chaque ligne; ce fossé a de 15 à 20 centimètres de largeur sur autant de profondeur. On étend le terreau ou fumier d'écurie dans ce petit fossé, comme si l'on voulait planter des pommes de terre, avec la moitié moins d'engrais, soit dit en passant. On a soin d'arracher les herbes qui sont encore à la surface du sol, et on les place avec le terreau dans le fossé. Enfin on recouvre avec la terre qui est sur les bords. Après cette opération, il reste encore une certaine quantité de terre au pied de chaque cep, ce qui est une espèce de buttage très-utile à la vigne. La propreté du sol est assurée, et sa surface s'enrichit de principes fertilisants pendant l'hiver, car elle devient meuble et divisée lorsque le printemps arrive. Il ne faut jamais oublier que le terrage, soit le transport de *terre nouvelle* sur la surface d'une vigne, est toujours préférable à tous les autres amendements; il s'agit pour cela d'avoir un champ dont la terre argilo-calcaire convienne à la vigne et puisse servir de carrière où l'on puisse s'approvisionner... On transporte cette terre et on la répand sur la surface de la vigne en couches de 2 à 3 centimètres. Cette terre étendue avant l'hiver, est ensuite mélangée à la terre de la vigne lorsqu'on donne le premier labour en mai ; ce mélange enrichit le sol, et, pendant plus de dix ans, on s'aperçoit toujours de ce puissant amendement.

Dans tous les cas, j'engage sérieusement les vignerons à fabriquer du terreau comme je viens de l'indiquer. Ils transformeront, par ce moyen, 20 mètres cubes de fumier d'écurie en 100 mètres cubes de terreau excellent. Mais il faut, pour arriver à ce but, profiter de tous les éléments fertilisants qui sont à notre disposition, éléments qu'on laisse toujours perdre avec une insouciance déplorable.

Une vigne fumée convenablement peut produire pendant quatre ans, sans autre fumure que les sarclages et la propreté du sol ; 60 mètres cubes de terreau suffisent pour un hectare de vignes pendant quatre ans, soit 15 mètres cubes par année et par hectare.

## VIEILLES VIGNES MISES EN LIGNES PAR LE PROVIGNAGE.

§ 14. — Rien n'est plus facile que de mettre en lignes une vieille vigne cultivée en foule :

Il faut placer un cordeau dans la direction que doivent avoir les lignes. — Planter des échalas le long du cordeau en les espaçant de 1 mètre, et conserver tout les ceps encore vigoureux qui se trouvent sur la ligne ; coucher en les provignant les ceps qui sont sur les côtés de la ligne, afin de compléter les vides ; avoir soin en couchant un cep de ne faire sortir qu'un seul sarment qui deviendra alors un nouveau cep fort et vigoureux ; fumer ce provin et combler comme on le pratique ordinairement. Voilà bien le travail nécessaire pour la formation d'une ligne. Cette première ligne terminée, on place le cordeau à deux mètres plus loin et parallèlement à la première. On opère pour cette ligne comme pour la précédente, et ainsi de suite de deux mètres en deux mètres.

Ce mouvement de terre, joint à l'engrais mis dans les creux de provin, donne une nouvelle vie aux vieux ceps qui sont restés dans l'intervalle des nouvelles lignes, et leur arborescence ligneuse est beaucoup plus belle l'année suivante. Arrivé à la seconde année, on s'occupe des lignes intermédiaires en suivant la même manière d'opérer que l'année précédente, et enfin on arrache tous les ceps inutiles qui se trouvent encore dans l'intervalle des lignes. C'est donc au bout de deux années que la vieille vigne est complétement transformée et mise en lignes. La dépense étant divisée en deux annuités, devient moins lourde, et le produit de la vigne a déjà augmenté d'une manière assez considérable, par suite des mouvements de terre et de la création de jeunes provins. A la troisième année on peut déjà donner une branche à fruit aux premières lignes établies, et à la quatrième année toute la ligne est en plein rapport. Ce rapport est suffisamment rémunérateur, puisque au lieu d'avoir un produit de 20 à 25 hectolitres par hectare, on en obtient soixante et soixante-dix.

Avant de terminer cette première partie pour passer aux travaux mensuels, jetons un coup d'œil rapide sur la plantation d'une vigne avec boutures ou plants enracinés.

## PLANTATION ET CONDUITE DE LA VIGNE APRÈS SA PLANTATION.

§ 15. — Lorsque le sol est perméable, il n'est pas nécessaire de le défoncer pour faire une plantation de vigne. Les pierres qu'on retire souvent du sous-sol, sont au contraire très-utiles à la végétation de la vigne, puisqu'elles contribuent à entretenir une humidité précieuse pour les racines lorsque les grandes chaleurs dessèchent le sol, et que dans les temps humides ces pierres favorisent l'écoulement des eaux.

Il faut autant que possible planter dans une terre qui n'ait pas encore nourri de vigne; mais si l'on veut renouveler une ancienne vigne après l'avoir arrachée, il faut en cultiver le sol pendant quatre ou cinq ans, ou mieux encore en y faisant un pré de sainfoin.

Le mois d'avril est l'époque la plus favorable pour planter la vigne en boutures. On peut même continuer en mai, surtout si l'on plante après une plante fourragère. Il faut dans tous les cas procéder à un bon labour avant de commencer l'opération.

### CHOIX DES CÉPAGES.

§ 16. — Dans les bons coteaux, il faut autant que possible obtenir de bon vin ; pour avoir de bon vin, il faut avoir de bons cépages. Or, plantons donc tous les meilleurs et les plus fins cépages !

La mondeuse de Savoie conviendra toujours dans les expositions les plus chaudes de nos bons vignobles ; le persan donne aussi d'excellents produits ; quelques douces-noires mélangées à ces deux plants sont conseillées par un assez grand nombre de viticulteurs. Je ne suis point partisan de la douce-noire pour les bons vins, et je ne fais que constater les conseils de certains œnologues de notre département. Le pineau de Bourgogne et quelques petits gamays ont le grand avantage d'être plus précoces que la mondeuse et conviennent donc à tous nos cantons, où la mondeuse n'obtient qu'une maturité difficile ou incomplète. Mais, en général, je répète à tous les vignerons que s'ils ont le bonheur de planter une vigne dans une exposition favorable qui donne ordinairement de bon vin, il faut planter les fins cépages et abandonner les gamays et les douces-noires pour les petits vins de consommation générale.

### PREMIÈRE ANNÉE.

§ 17. — On place un cordeau gradué pour former la première ligne, et au moyen d'un plantoir on fait un trou de 25 centimètres de profondeur. La bouture avait été préalablement enterrée dans un endroit frais et humide depuis le moment de la taille. On place cette bouture dans le petit trou, on y met ensuite un demi-litre de cendre de charbon de terre, ou de cendre de bois, ou bien de la poudrette, ou enfin tout simplement du sable fin. On serre avec une baguette le sable qu'on vient d'y mettre, et on ne laisse qu'un œil franc au-dessus du sol. On ne taille pas la bouture entre les deux yeux, mais bien dans le milieu de l'œil placé immédiatement au-dessus de celui qu'on a conservé. La moëlle contenue dans le canal médullaire est ainsi garantie par la petite paroi qui existe à chaque nœud vital. L'air ne peut donc arriver aussi facilement à l'œil conservé, ce qui le préserve de la dessiccation.

Ces boutures sont placées à un mètre de distance en tous sens. On a eu soin préalablement d'avoir une pépinière, afin de pouvoir remplacer par des plants enracinés les boutures qui périssent dans le courant de la première année de plantation.

On doit sarcler avec soin la jeune plantation et tenir le sol parfaitement propre et meuble. Au mois de novembre, on doit butter la jeune vigne, pour préserver son chevelu des trop grands froids de l'hiver.

### DEUXIÈME ANNÉE.

§ 18. — Dans le courant de mars, on coupe près de la petite souche naissante toutes les pousses, sauf un seul sarment, le plus près de terre et le plus vigoureux. On taille ce sarment à un œil franc; après la taille, on donne un léger binage, et on profite d'un temps sec pour détruire les herbes et mieux nettoyer le sol. On doit répéter ces binages, soit râclages, aussi souvent que cela est nécessaire pour maintenir le sol dans un état complet de propreté.

En novembre, un buttage est non seulement très-utile pour enfouir les herbes qui sont encore dans les lignes, mais encore pour garantir du froid le jeune

chevelu et faciliter l'écoulement des eaux à l'époque
de la fonte des neiges.

### TROISIÈME ANNÉE.

§ 19. — On coupe en mars tous les sarments, sauf
un seul que l'on taille à deux yeux. On obtient ainsi
deux beaux sarments qui sont d'autant plus vigoureux
qu'on les a tenus dans une position verticale et liés à
un échalas. C'est donc à cette troisième année que l'é-
chalassement devient indispensable. Je conseille même
de placer dès le moment de la plantation de petits
échalas à côté de chaque bouture : de mauvais échalas
cassés suffisent pour maintenir la jeune pousse dans
une position verticale..., et j'ai toujours reconnu que
cette position était favorable au développement et à la
vigueur des rameaux.

### QUATRIÈME ANNÉE.

§ 20. — La souche est formée à la quatrième année;
et c'est alors le moment de planter les piquets et de
placer les fils de fer, comme je l'ai indiqué paragraphe 10.

# SECONDE PARTIE.

## Calendrier mensuel du Vigneron, ou indication des divers travaux à exécuter pendant chaque mois de l'année.

### JANVIER.

§ 21. — Transports de terre du bas au sommet des côtes, terrage des vignes ; si le temps le permet, faire disparaître les gros tas de pierres que nous voyons encore dans nos vignes ; détruire les ronces et les épines qui entourent et couvrent ces *murgers*. L'enfouissement de ces pierres sert de drainage dans les sols argileux, et c'est une surface rendue à la culture.

On continue les travaux de défoncement ; on creuse des fossés pour faire de nouvelles plantations, etc.

### FÉVRIER.

§ 22. — Si le temps n'est pas trop froid, on commence la taille sèche (voir § 6). C'est encore dans ce mois qu'on commence à coucher les ceps pour mettre une vieille vigne en lignes (voir § 14), et si le sol n'est pas gelé, on commence à planter les chapons enracinés; mais je préfère toujours le mois de mars pour ce genre de plantation.

## MARS.

§ 23. — Continuation de la taille sèche jusqu'au 15 du mois. Couchage des ceps pour mettre une vieille vigne en lignes. Plantation des chapons enracinés pour faire une nouvelle vigne ou pour remplacer les vides d'une ancienne plantation. Il est évident que les ceps qui périssent dans une vigne en lignes ne peuvent plus être remplacés que par des plants enracinés, ce qui est infiniment préférable à l'ancien système du provignage.

C'est encore dans ce mois qu'on peut terminer la fumure d'une vigne. On doit choisir de préférence le fumier ou terreau bien consommé pour les sols secs et pierreux. On réserve les fumiers chauds et pailleux pour les sols argileux et humides.

C'est en mars qu'on redresse les échalas couchés par le vent, qu'on remplace ceux qui sont cassés, qu'on visite les fils de fer des anciennes plantations et qu'on place les fils de fer des nouvelles. On comble les creux de provins, et l'on continue les plantations nouvelles.

On lie le pied des souches aux grands échalas, afin de les maintenir dans une position convenable. Je me sers pour cette opération de ficelles communes, et je m'en trouve fort bien.

C'est dans le mois de mars qu'on commence à planter

les boutures pour créer de nouvelles vignes, et on continue en avril et mai suivants. (Voir Plantation, § 15.)

## AVRIL.

§ 24. — On continue à planter les nouvelles vignes avec boutures ou avec plants enracinés ; on met les vieilles en lignes par le moyen du provignage, et on remplace les ceps morts dans les vignes en lignes par des plants enracinés ayant une année ou dix-huit mois de pépinière. Dès les premiers jours d'avril, on commence à lier quelques branches à fruit au fil de fer inférieur, afin de ne pas être trop pressé de travail lorsque la fin du mois arrive, époque où l'on doit procéder au liage général de toutes les branches à fruit. Je me sers de ficelles communes pour ce travail, au lieu de me servir d'osier. Ce procédé est moins coûteux, plus facile, et ne laisse rien à désirer sous le rapport de la durée et de la solidité. C'est encore avec des ficelles que je lie les sarments de la branche à bois au sommet du grand échalas. Le vent ne peut plus rien sur un lien de ce genre, et lorsqu'on tient à la régularité et au bel aspect des alignements, c'est une grande main-d'œuvre qu'on économise ; car autrement on est forcé de lier trois ou quatre fois dans le courant de l'année.

Du 10 au 15 avril, en temps ordinaire, on taille les vignes en foule. Car à cette époque les bourgeons de l'extrémité des rameaux conservés sont déjà ouverts, et l'on aperçoit de petites feuilles qui commencent à se développer (voir § 6); du 25 au 30 avril, *suivant la saison et le progrès de la végétation*, on procède à la taille définitive des vignes à branches à fruit. (Voir § 6, sur l'Époque de la taille.)

C'est encore à la fin de ce mois qu'on ébourgeonne tout ce qui est inutile à la taille, et qu'on enlève les bourgeons de la branche à fruit qui n'ont pas de raisin.

MAI.

§ 25. — On commence le premier labour des vignes. Un temps plutôt sec est favorable à cette importante opération, car alors on obtient un nettoiement du sol aussi complet que possible. Toutes les herbes qui ont été arrachées doivent être soigneusement enlevées au fur et à mesure de l'avancement du labour. Cette précaution, si peu en usage dans nos pays, est cependant d'une très-grande utilité : 1° on évite par ce moyen, s'il survient une pluie un peu forte, qu'un grand nombre de ces plantes arrachées ne reprennent racine et se provignent pour ainsi dire dans ce sol nouvellement remué ; 2° ces herbes transportées au tas de terreau et mélangées avec du fumier d'étable et de la terre, augmentent la richesse de ce terreau, ainsi que sa quantité. Cette transformation de plantes nuisibles en principes fertilisants est sans contredit une opération qui n'est pas à dédaigner.

On continue dans ce mois le pinçage de tous les bourgeons de la branche à fruit (voir § 9), et vers la fin de mai on palisse lesdits bourgeons au fil de fer supérieur.

Lorsqu'une vigne est encore jeune et que sa végétation est luxuriante, on doit se préoccuper de la conservation des jeunes bourgeons de la branche à bois. Or, à cette époque, les pousses sont souvent longues, et le moindre souffle du vent les casse et les détruit, parce qu'elles n'ont point encore assez de force pour résister. Il est donc prudent d'opérer un petit liage préparatoire au grand échalas, en ayant soin de se servir de paille de seigle et de ne pas trop serrer les jeunes pousses, de crainte de les casser.

On doit passer dans les lignes et voir si tous les bourgeons inutiles ont été enlevés, et palisser ceux qui en ont besoin.

### JUIN.

§ 26. — Le mois de juin est l'époque la plus critique pour un vigneron, car la floraison commence, et d'un jour à l'autre sa récolte peut être perdue, soit par un brusque changement de température, soit par des pluies froides et continues. Les vignes soumises à la taille hâtive fleurissent les premières, et malheur au vigneron s'il survient des intempéries pendant ce moment critique. Les vignes taillées tard résistent à ces nuits froides et à ces coups de vent si désastreux. C'est dans les derniers jours de juin que la floraison commence dans ces vignes à taille tardive, et la température s'améliorant chaque jour, il est rare que la coulure exerce ses ravages.

Pendant tout le temps que dure la floraison, il ne

faut pas aborder la vigne et respecter ainsi le mystérieux phénomène de la fructification, qui demande douze à quinze jours pour s'accomplir, et, chose remarquable, c'est que les dernières formes qui paraissent fleurissent les premières, et leurs grains sont ordinairement ceux qui contiennent la plus grande quantité de principes sucrés. On lira plus loin quelques détails assez intéressants sur les phénomènes de la floraison, et qui viennent encore à l'appui de la méthode de la taille tardive.

Aussitôt après la floraison, on doit terminer le palissage ; faire un second liage au grand échalas en se servant déjà de la ficelle, sans serrer trop fort, parce que les bourgeons sont encore trop tendres.

## JUILLET.

§ 27. — Aussitôt après la floraison, on donne un nouveau râclage superficiel.

Arrivé au 15 juillet, la surface du sol doit être propre et nivelée comme le serait un jardin.

Du 20 au 25 on termine le liage des sarments de la branche à bois au sommet du grand échalas. La ficelle commune est ce qui est préférable pour faire cette opération ; immédiatement après, on rogne à la hauteur de l'échalas tous les rameaux qu'on vient de lier.

C'est alors qu'un bon vigneron admire avec bonheur et pour ainsi dire avec une sollicitude paternelle ces magnifiques lignes, ces jeunes grappes, ces bourgeons vigoureux garnis de larges feuilles, formant une palissade régulière du plus bel effet..., puis de mètre en mètre, il voit s'élever majestueusement des rameaux luxuriants qui semblent placés là pour protéger les nombreux raisins de la branche à fruit et leur servir de point d'appui, tandis que ces derniers se penchent prudemment vers le sol pour se réchauffer et activer leur maturation. Ce spectacle est saisissant sous tous les rapports, puisqu'il flatte les yeux par la régularité de la culture et la splendeur de la végétation; qu'il assure au vigneron une large rémunération de ses travaux de l'année, et enfin parce que la récolte prochaine lui paraît déjà certaine, d'après la belle venue des rameaux de la branche à bois.

## AOUT.

§ 28. — On pince de nouveau tous les bourgeons de la branche à fruit, seulement ceux qui paraissent vouloir s'emporter en bois, mais on se garde bien de toucher aux trois ou quatre feuilles qui dominent la grappe la plus élevée. Ces feuilles sont indispensables au développement des jeunes raisins; elles contribuent à leur nutrition en puisant dans l'air atmosphérique les gaz fertilisants qui leur sont si utiles; elles agissent encore sur les raisins comme un abri en les protégeant contre les coups de soleil, si brûlants à cette époque de l'année.

Près du 15 août, un râclage superficiel est convenable pour faire disparaître les herbes qui peuvent encore vivre au grand préjudice des malheureux ceps, si altérés par la trop grande chaleur; il favorise aussi l'azotage de la surface du sol. On doit éviter de toucher les raisins avec l'instrument dont on se sert, car au moindre contact d'un corps dur, le raisin devient noir et pourrit immédiatement.

## SEPTEMBRE.

§ 29. — Le 15 septembre, on opère un dernier râclage, et si la surface du sol n'est pas serrée par suite d'une pluie d'orage, ce râclage se fait seulement dans les endroits où l'on trouve de l'herbe. Les vignes plantées en mondeuses se vendangent ordinairement dans la première quinzaine d'octobre. Alors on procède dès le 20 septembre à un léger effeuillage, c'est-à-dire qu'on enlève seulement les feuilles qui empêchent les raisins de recevoir directement les rayons solaires. On ne doit jamais toucher aux feuilles qui sont placées au sommet des bourgeons, car elles sont nécessaires aux raisins jusqu'au moment de la vendange pour les garantir de la trop grande rosée, de la pluie et même des premières gelées blanches, qui paraissent quelquefois en octobre.

## OCTOBRE.

§ 30. — La vigne n'exige aucun travail pendant le mois d'octobre; elle laisse généreusement toute sa liberté au vigneron pour vendanger, pressurer et soigner le vin qu'elle vient de produire.

Si le temps est favorable, c'est en octobre que l'aoutage du bois de la vigne se termine et se complète.

Les feuilles se détachent des pampres pour enrichir le sol en lui restituant une partie assez considérable des principes constitutifs de la vigne.

## NOVEMBRE.

§ 31. — Si le mois de novembre est beau, c'est une bonne fortune pour le vigneron; les travaux de cette époque de l'année sont nombreux et variés.

On opère dans ce mois la fumure des vignes plantées ou mises en lignes. Cette fumure n'a lieu que tous les trois ou quatre ans, suivant la plus ou moins grande richesse du sol et en raison de l'abondance des produits récoltés. (Voir les détails de l'opération, § 13.) La fumure à cette époque de l'année a le grand avantage de changer le fumier en terreau assimilable lorsqu'arrive le mouvement séveux, et ce mouvement de terre fait à la fin de l'année contribue aussi à nettoyer le sol pour l'année suivante.

On peut encore planter des chapons enracinés dans le mois de novembre; mais après de nombreux essais, je conseille de ne planter que dans les sols légers, secs et pierreux, avec de bon fumier d'écurie ou mieux encore de bon terreau. Si le sol est argileux et un peu humide, il convient de renvoyer l'époque de la plantation au mois de mars suivant.

Voici comment j'explique cette différence d'époque; dans les sols légers, secs et pierreux, les jeunes racines des chapons barbus sont suffisamment garanties des froids de l'hiver par le fumier ou le terreau dont on les couvre. Le sol, léger par sa nature, se resserre à la suite des pluies et des neiges, et les jeunes racines ont le temps de se consolider pendant l'hiver pour fonctionner au moment du premier mouvement séveux. Si au contraire ces jeunes racines sont placées dans un sol argileux et humide, malgré la précaution qu'on a prise de placer le fumier en dessous des jeunes plants, cette grande humidité de sol, les pluies, les fontes de neiges, etc., etc., tout contribue à détruire ces jeunes racines, car après deux mois de souffrances elles sont, pour ainsi dire, atrophiées et finissent par pourrir.

Le buttage des vignes est très-utile pour garantir le chevelu des froids de l'hiver, pour nettoyer le sol, et il a encore le grand avantage de faciliter l'écoulement des eaux. Si j'insiste sur l'opération du buttage, c'est que j'en comprends toute l'importance pratique.

### DÉCEMBRE.

§ 32. — Si le temps le permet, on commence les transports de terre ; on creuse des fossés pour les nouvelles plantations qui doivent se faire au printemps suivant. Tous les mouvements de terre faits à cette époque de l'année donnent les meilleurs résultats, car les neiges, les pluies, le froid, deviennent des agents de fertilisation en rendant le sol plus riche et plus meuble.

## § 33. — *Dépenses à faire pour mettre en lignes un hectare de vieilles vignes cultivées en foule.*

Je compte que sur dix mille ceps qu'il faut dans un hectare, nous en avons un tiers qui, se trouvant sur les lignes, sont assez vigoureux pour être conservés.

Nous n'avons donc que 7,000 provins à faire.

1° Main-d'œuvre à 6 francs le cent pour une pointe.............................. 420ᶠ »

2° Fumure des 7,000 provins, cent mètres cubes de terreau à 6 francs, ou 60 mètres cubes de bon fumier d'écurie à 10 francs........ 600 »

3° En supposant la longueur des lignes de 50 mètres, nous avons 200 lignes; chaque ligne exige à ses extrémités un piquet en bois de chêne ou châtaignier, d'un diamètre de 7 centimètres et d'une longueur de 1 mètre 10 c. C'est donc 400 piquets, dont le prix est de 25 centimes environ........................ 100 »

4° 2,000 petits piquets de la même longueur pour servir de points d'appui au fil de fer, à 5 centimes......................... 100 »

5° 10,000 échalas de 1 mètre 60 de longueur, à 40 fr. le mille................. 400 »

6° 450 kilogrammes de fil de fer n° 14, à 47 fr. les 100 kilos (c'est environ 20,500 mètres de fil de fer n° 14).............. 211 50

7° Pointes ou petits crochets pour fixer les fils de fer......................... 18 »

*A reporter*..... 1,849 50

*Report*..... 1,849ᶠ 50

8º Main-d'œuvre pour transporter le fumier
et combler..................................... 120 »

9º Main-d'œuvre pour échalasser et placer
les fils de fer...... .................... 150 »

10º Dépenses imprévues.............. 50 »

Total.... 2,169 50

La dépense totale arrive donc au chiffre de 2,169ᶠ 50, pour un hectare de vieille vigne mise en lignes.

La dépense pour un journal de Savoie, par exemple, est donc de 650 fr. environ, mais payable en deux annuités.

Or, le produit d'un journal de vigne soumis à l'an-. cienne culture est en moyenne de 7 hectolitres, qui à 30 fr. donnent un chiffre de........ ........ 210 »

La part du propriétaire est donc de 105 fr. et la part du vigneron n'est pas très-rémunératrice, si l'on met en ligne de compte son travail et son fumier.

En adoptant le nouveau système de culture, nous avons dès la troisième année un rendement moyen de 18 à 20 hectolitres, qui à 30 fr. font une somme de 540 à 600 francs. On voit, d'après ces chiffres, que dès la 4ᵐᵉ année l'amortissement de la dépense est largement effectué. Ces données sont concluantes et peuvent donner une juste idée des résultats à obtenir, si tous les hommes de progrès veulent bien se mettre à l'œuvre.

Voilà le but de ma propagande viticole, et cette propagande a pour auxiliaires des expériences pratiques consciencieusement faites et des résultats évidents.

# TROISIÈME PARTIE.

## Des hautains et treillages dans les champs.

§ 34. — Dans plusieurs départements, et entre autres dans ceux de la Savoie, l'Isère, etc., on voit encore des arbres plantés en quinconce et servant de supports à de grands ceps qui les surmontent, comme dans le Midi. — Souvent chaque arbre, essence érable ou mérisier, porte un cep isolé, mais d'autres fois des rameaux de ce cep s'étendent en festons d'un arbre à l'autre. Ces guirlandes de verdure et de raisin sont d'un effet très-gracieux ; mais, comme nous voulons avant tout perfectionner notre agriculture en améliorant nos produits, nous ne devons pas nous préoccuper de cet embellissement du paysage, mais seulement tâcher de faire mieux que nos devanciers.

Il me sera facile de prouver que cette ancienne coutume est mauvaise sous tous les rapports ; car, si elle a sa raison d'être dans le Midi de la France et de l'Italie, où les raisins ont non seulement besoin d'être éloignés de la surface brûlante du sol, mais encore d'être abrités par des pampres et par des feuilles d'arbres contre le soleil de ces climats privilégiés, il n'en est pas de même dans les pays tempérés, tels que ceux du Centre et du Sud-Est de la France. Cette coutume est encore mauvaise sous le rapport du préjudice porté aux récoltes qui entourent ces arbres chargés de pampre : en effet, nos agriculteurs savent parfaitement que les arbres absorbent par leurs racines une grande partie du fumier qu'on met dans les champs, et cela au détriment de la vigne d'abord, et ensuite au grand désavantage des différentes cultures qui les entourent. Ils savent encore que l'ombre portée par ces arbres cause un grave préjudice aux céréales ou plantes sarclées qui se trouvent dans les intervalles, et ils devraient principalement se rappeler que des raisins qui sont toujours couverts par des branches d'arbres et des pampres nombreux ne reçoivent que très-difficilement les rayons bienfaisants du soleil, et qu'ils ne peuvent jamais arriver à une maturité convenable. Le vin est donc toujours détestable. Abandonnons au plus vite cette mauvaise coutume et examinons le système qui nous paraîtra le meilleur pour remplacer ces arbres, augmenter la quantité de vin et améliorer sa qualité.

DES TREILLAGES SUR BOIS MORT, AVEC QUELQUES ARBRES PLACÉS A GRANDE DISTANCE POUR SERVIR DE POINT D'APPUI.

§ 35. — Quelques cultivateurs ont un peu amélioré

le système dont nous venons de parler, en ne laissant
que quelques arbres sur la ligne pour servir de point
d'appui à la chárpente intermédiaire. Ces arbres varient
d'essence, et le mûrier, le cerisier, etc., viennent souvent remplacer l'érable. Ce système est généralement
adopté dans une partie du département de l'Isère.

La charpente intermédiaire consiste en grands poteaux
plantés à 3 ou 4 mètres les uns des autres, deux traverses en bois, dont la première est souvent à 1 mètre
de la surface du sol et la seconde à 1 mètre au-dessus
de la première ; des titaux sont placés perpendiculairement aux deux traverses et servent à fixer les nombreux archets de la vigne. Ces charpentes ont presque
4 à 5 mètres de hauteur, et *sont par conséquent très-
dispendieuses*. Ce système vaut bien un peu mieux que
le précédent, mais la qualité du vin est toujours très-
mauvaise.

DES GRANDS TREILLAGES SUR BOIS MORT ET SANS ARBRES.

§ 36. — Des cultivateurs plus. intelligents ont supprimé les arbres vifs et diminué l'élévation de leurs
nouveaux treillages.

Des poteaux de 3 mètres au-dessus du sol, et plantés
à 3 mètres les uns des autres sur la ligne, une première traverse en bois dur est fixée aux poteaux à 70
ou 80 centimètres de la surface du sol; une seconde traverse est placée à 80 centimètres au-dessus de la première. Les ceps courent sur la première traverse, et
leurs sarments forment des archets qui sont fixés au

moyen de petits paisseaux ou liteaux placés perpendiculairement d'une traverse à l'autre. Chaque cep, lorsqu'il est fort et vigoureux, forme trois ou quatre archets à sa droite et autant à sa gauche. Des coursons, soit crochets, taillés à un œil franc, doivent être conservés à la base de chaque archet, près du vieux bois, pour obtenir un beau sarment qui, l'année suivante, remplacera l'archet ou branche à fruit de l'année. C'est en effet ce qui arrive, puisque l'archet qui a porté fruit est entièrement supprimé à la taille du printemps, et que le sarment de remplacement, qui devient alors la branche à bois du docteur Jules Guyot, est plié pour former un nouvel archet, et ainsi de suite. Il est donc évident que cet ancien système de taille de la vigne, si rationnel et si productif, est celui qui a été adopté par le docteur Jules Guyot, qui en a fait la judicieuse application à la vigne basse, avec la différence cependant que la branche à fruit, au lieu de former un archet, s'étend tout simplement et horizontalement sur le fil de fer le plus rapproché du sol.

Ces treillages sur bois mort sont encore très-dispendieux, à cause de la longueur des poteaux, ce qui en augmente le prix, ainsi que la quantité énorme de traverses, de liteaux, qui sont indispensables pour monter cet échafaudage. Malgré ce grave inconvénient de dépenses, si l'on épamprait soigneusement, si l'on pinçait en temps opportun, si l'on palissait et si, enfin, on rognait entre les deux sèves, comme je l'ai indiqué, on obtiendrait sans doute une grande amélioration dans la qualité du vin, malgré la trop grande distance qui existe entre la surface du sol et les raisins. Mais nos vignerons ne font rien de ce qu'il faudrait faire, et toute cette végétation exubérante des rameaux sert pour ainsi dire de manteau et de parasol aux malheureux raisins, qui ne demandent que de l'air et du soleil. Tout ce que je viens de dire est tellement vrai qu'en passant devant un treillage, on voit tous ces pampres inutiles retomber en saules pleureurs sur le côté du midi, et à peine aperçoit-on quelques raisins dans cet énorme fouillis de feuilles et de rameaux.

### TREILLAGES SUR FILS DE FER.

§ 37. — Un de nos meilleurs agriculteurs, un arboriculteur distingué, M. Charles Sylvoz, président du comice agricole de Chambéry, a perfectionné ce genre de treillage en plein champ et a obtenu de beaux et bons résultats. Voici son système :

Les poteaux sont beaucoup moins élevés et moins forts, ce qui les rend moins coûteux. Les traverses en bois dur sont remplacées par trois rangs de fils de fer : le premier est placé à 50 centimètres de la surface du sol ; le second à 80 centimètres au-dessus du premier, et le troisième est placé à 80 centimètres du second. Ce treillage a donc une élévation qui varie entre 2 mètres 10 et 2 mètres 40, suivant la position et la nature du sol.

Les poteaux sont plantés à 3 mètres les uns des autres et tous les ceps arrivent au second fil de fer et forment dans cette position des archets à courbures assez brusques. L'extrémité inférieure de chaque archet se tient au fil de fer inférieur et les bourgeons de l'archet sont liés avec de la paille au fil de fer supérieur.

Ces bourgeons sont soigneusement pincés et rognés aux époques convenables. Le premier rang de fil de fer est du n° 18 ; le rang du milieu, qui supporte toute la charge des archets, doit être du n° 20, et le troisième au-dessus, où sont liés tous les rameaux, doit être de 18 à 20. On voit que ce système est infiniment supérieur aux autres, sous le rapport de l'économie et de la qualité des produits. Je conseille donc l'adoption de cette nouvelle direction des treillages, en suivant exactement les indications que j'ai données dans ce *Guide pratique*, § 9, concernant le pinçage.

## SYSTÈME QUE J'AI SUIVI AVEC LE PLUS GRAND SUCCÈS.

§ 38. — Avant de terminer ce court exposé de la direction des treillages en plein champ, je dois indiquer un autre système qui m'a donné les plus beaux résultats sous le double rapport de la quantité et de la qualité des produits. C'est tout simplement le système *Thoméry*, mais sur deux cordons seulement. Voici comment il convient de procéder pour monter un treillage de ce genre.

## DE LA PLANTATION.

§ 39. — Il faut planter des sarments enracinés ou en boutures, à 1 mètre de distance sur la ligne, en suivant pour ce travail toutes les indications contenues dans le § 17 du *Guide pratique*.

A la seconde année de plantation, il faut se procurer des poteaux en chêne ou châtaignier de 2 mètres de longueur sur 8 à 10 centimètres d'épaisseur, planter ces poteaux à 3 mètres les uns des autres et à 50 centimètres de profondeur dans le sol. Il reste donc 1 mètre 50 de hauteur de la surface du sol au sommet du poteau.

Les poteaux une fois solidement plantés et bien alignés, on place un premier rang de fil de fer nº 18 à 50 centimètres de la surface du sol. Ce fil de fer est tendu sur toute la ligne, en le fixant aux poteaux au moyen de petits crochets de fer.

Un second fil de fer nº 15 est tendu à 30 centimètres au-dessus du premier, puis un troisième nº 18 à 30 centimètres au-dessus du second, et enfin un quatrième nº 15 qui se place aussi à 30 centimètres au-dessus du troisième.

## CONDUITE OU DIRECTION DES JEUNES CEPS.

§ 40. — Les jeunes ceps, après deux ans de plantation, peuvent déjà être couchés sur les fils de fer, en laissant au sarment couché plus ou moins de longueur, suivant la force et la vigueur du jeune cep. Voici comment doivent être couchées ces branches à fruit et dans quel ordre elles doivent être placées : comme il y a trois ceps entre deux poteaux, le premier doit être couché sur le fil de fer inférieur ; le second doit monter perpendiculairement jusqu'au troisième fil de fer où il est appelé à former un cordon ; enfin le troisième cep doit être de nouveau placé sur le fil de fer inférieur pour former le cordon, en se joignant plus tard au premier. Le quatrième cep montera donc au troisième fil de fer pour former le cordon avec le second, et ainsi de suite.

Cette seconde année, soit la troisième feuille, chaque cep n'est taillé et ne forme qu'une seule tige dont l'extrémité supérieure peut déjà s'étendre sur le fil de fer au moyen d'une courbure. On a soin de lier le cep près de la courbure avec un osier, afin de le maintenir dans la position verticale.

Lorsque la végétation se développe, il faut conserver un bourgeon près de la courbe du sarment, le soigner et ne jamais le pincer, afin d'avoir l'année suivante un beau sarment qui formera le cordon opposé au premier, c'est-à-dire que chaque cep aura un cordon à droite et un à gauche.

On croira sans doute que la méthode de laisser monter si rapidement un jeune cep de deux ans jusqu'au troisième fil de fer, soit à 1 mètre 10, est une méthode vicieuse et contraire à la vie normale ainsi qu'à la longévité du précieux arbrisseau, et en effet, la routine et les anciennes coutumes donnent raison à ces craintes ridicules... En effet, jusqu'à présent on prenait la précaution de ravaler les jeunes ceps pendant trois et quatre années en ne leur permettant de s'élever que de quelques centimètres chaque année.

Cette dernière méthode, dit-on encore, est indispensable

pour fortifier les jeunes ceps en renforçant leur base et en ménageant leur trop grande jeunesse. Or, voici ma réponse claire et précise, mais légèrement entachée de la trop brusque franchise d'un vigneron convaincu.

Si le sarment de la pousse de l'année est assez long et assez fort pour arriver au troisième fil de fer, n'hésitez pas un instant et arrêtez-le à cette position en conservant les bourgeons des deux ou trois yeux supérieurs qui seront soignés pour les cordons de l'année suivante, un à droite et l'autre à gauche.

La coutume de ravaler les jeunes ceps n'a pas le sens commun, et je la déclare mauvaise sous deux rapports importants : le premier, c'est qu'en ravalant le cep, on porte atteinte à la force expansive de la vigne, et qu'à chaque opération de ce genre il se forme des nœuds volumineux à la place même de la taille, et ces nœuds sont autant d'obstacles sérieux au passage de la séve, car il est évident que la séve doit être bien gênée dans sa marche ascendante, lorsqu'elle trouve sur son passage deux ou trois barrières de ce genre et qu'elle n'arrive qu'avec difficulté à la partie supérieure où elle doit agir, produire et féconder. La position du jeune cep, qui jouit de toute sa liberté et que nous laissons monter d'un seul jet et d'une seule poussée, n'est-elle pas infiniment préférable? Cette tige droite et élancée ne présente en effet aucun obstacle au passage de la séve, qui arrive avec une force extrême au point où elle doit agir, produire et féconder! Le corps du cep prend un accroissement rapide, parce que le développement normal des racines n'a point éprouvé d'intermittences, et parce qu'elles agissent avec d'autant plus de puissance qu'elles agissent en raison directe du développement du corps du cep et de la longueur de ses rameaux.

Enfin les ravalements successifs causent une perte de temps et une perte d'argent, puisque les treillages, suivant l'ancienne routine, ne produisent que la quatrième ou la cinquième année, tandis que d'après le système que je viens d'indiquer, ils produisent dès la seconde année. Ne croyez pas que ces produits hâtifs que j'exige des jeunes ceps soient contraires à leur vie normale et à leur longévité. C'est le contraire qui arrive, et je puis l'affirmer avec la plus grande assurance, car j'ai pour moi des faits pratiques que personne ne pourra contester.

## DU LIAGE, DU PINÇAGE ET DE LA TAILLE DE CES TREILLAGES.

§ 41. — Le premier cep, formant deux petits cordons horizontalement placés sur le fil de fer inférieur, leurs bourgeons sont liés au second fil de fer et pincés tout juste au-dessous du troisième (voir le § 9 pour opérer le pinçage). Ces bourgeons ne doivent jamais dépasser cette limite, car autrement ils couvriraient de leurs feuilles le cordon qui se trouve au-dessus. Enfin les bourgeons du cordon placé sur le troisième fil de fer se lient au quatrième et sont pincés à vingt centimètres au-dessus.

Il résulte de cette combinaison que chaque cep arrivé à sa troisième année a déjà un cordon à sa droite et un à sa gauche sur le fil de fer qui lui est assigné.

Chaque année, dans le courant d'avril, tous les bourgeons qui ont porté fruit doivent être taillés *à un œil franc* près du vieux bois ; mais n'oublions pas de donner le coup de sécateur dans le milieu de l'œil supérieur, comme je l'ai déjà recommandé.

L'année suivante, au moment de la taille, on conserve le bourgeon le plus vigoureux de l'extrémité du cordon, et suivant la force et la vigueur du cep, on peut étendre le sarment pour allonger le cordon de 30 à 40 centimètres. Les cordons finissent par se rencontrer et forment alors deux magnifiques lignes de beaux raisins.

## REMPLACEMENT OU RENOUVELLEMENT DES CORDONS.

§ 42. — Aussitôt qu'on s'aperçoit que le cordon se dégarnit et que les coursons périssent ou ne produisent plus assez, il suffit de conserver près du corps du cep, soit près de la courbe de chaque cordon, un beau bourgeon, l'un à droite et l'autre à gauche. Ces deux bourgeons seront liés verticalement et conservés dans toute leur longueur. Alors, lorsque le moment de la taille du printemps arrivera, on coupera tout le vieux cordon près de la base du sarment conservé ; ce nouveau sarment sera couché à la place du vieux cordon, et sera par conséquent entièrement renouvelé, et ainsi de suite.

Afin de tranquilliser les vignerons sur l'obligation qui leur est imposée de remplacer plus ou moins souvent les vieux cordons qui sont avariés, je leur dirai que j'ai des cordons qui ont produit et produisent encore de nombreux et beaux raisins après quarante années d'existence. Ces vieux cordons n'ont donc jamais été renouvelés, mais quelques lacunes seulement ont été comblées, en couchant sur le vieux cordon un sarment provenant d'un bourgeon de l'année. Aujourd'hui, on voit encore ces vieux cordons gros comme le bras, ayant, dans une partie ou deux sur leur prolongement, un second cordon un peu moins gros, puisqu'il est plus jeune ; ce cordon est lié au vétéran pour dissimuler les effets de l'âge, en garnissant de pampres vigoureux et de magnifiques raisins les intervalles qui ne donnaient plus signe de vie.

Ce système de treillage n'est pas trop cher à établir; il ne porte presque pas d'ombrages aux récoltes intermédiaires. Il produit beaucoup, et les raisins arrivent à une maturité bien supérieure à celle des autres treillages, ce qui s'explique facilement, à cause de son peu d'élévation, qui lui donne tous les bénéfices d'une bonne aération et d'une insolation des plus satisfaisantes ; enfin, à cause de la facilité qu'on a de pouvoir lier, pincer et rogner en temps utile. Toutes ces conditions et ces opérations, que je regarde comme indispensables, sont souvent impossibles et impraticables dans les treillages trop élevés, où rien ne peut se faire sans échelle, etc., etc. Le peu d'élévation du treillage, que je viens de décrire, a encore un autre avantage qui doit être pris en sérieuse considération : c'est qu'il donne moins de prise aux coups de vents ou aux grands orages. C'est donc une garantie de durée et des réparations moins fréquentes à faire chaque année.

En terminant ce petit article sur les treillages, je ne puis que conseiller l'adoption de ce dernier système, puisque je le regarde comme le meilleur, pour obtenir quantité et qualité des produits, tout en dépensant le moins d'argent possible.

# QUATRIÈME PARTIE.

---

## Nouvelles observations pratiques sur les phénomènes de la végétation de la vigne.

---

MARCHE ORDINAIRE DE LA VÉGÉTATION.

§ 43. — Dans les pays tempérés, les yeux de la vigne commencent à débourer dans la dernière semaine de mars, et quelquefois dans les premiers jours d'avril seulement. Ces jeunes bourgeons naissants sont alors d'une impressionnabilité extrême, car le moindre changement trop brusque de température, la moindre gelée blanche les détruit complétement.

Tous les vignerons savent sans doute que lorsqu'un bourgeon s'est développé sous la bonne influence d'une chaleur douce, constante et uniforme, il est toujours bien constitué. En effet, ce bourgeon est gros, court et ramassé; sa couleur, qui d'abord paraît d'un vert pâle, ne doit cette pâleur qu'à un léger duvet cotonneux qui le couvre. La nature, toujours si admirablement prévoyante, paraît lui avoir donné cette enveloppe conservatrice pour garantir le nouveau-né des premières impressions de l'air et du soleil.

Quelques jours plus tard, ce duvet commence à disparaître, et le bourgeon prend alors une couleur d'un vert foncé qui annonce sa vigueur et sa bonne constitution.

Tous les vignerons doivent savoir que chaque œil d'un sarment porte deux ou trois germes fructifères, mais que pour obtenir leur développement, il faut essentiellement que cet œil soit bien conservé et *n'ait éprouvé aucun accident pendant les froids, gels et dégels de l'hiver.*

Ces germes, lorsqu'ils se développent, apparaissent déjà sous forme de jeunes grappes rugueuses et ramassées. C'est l'extrémité de cette grappe naissante qui paraît en premier lieu. C'est plus tard dans cette extrémité de la grappe qu'on aperçoit les premières formes qui produisent la fleur et ensuite le fruit. Quelques jours après, les autres formes se développent sur toute la longueur de la petite grappe.

Tout marche ainsi naturellement, si la température a été aussi favorable que je viens de l'indiquer.

Mais si la température est froide, inconstante et pluvieuse, la marche de la végétation n'est plus régulière, car nous savons déjà que toutes les subites variations thermométriques exercent une fâcheuse influence sur le développement normal des bourgeons. En effet, les pauvres nourrissons, au lieu d'être frais, gros et vigoureux, s'allongent rapidement, maigrissent à vue d'œil si l'on veut bien me permettre de m'exprimer ainsi, et prennent les pâles couleurs. Ils sont bien malades, ils souffrent beaucoup et les voilà tout jaunes!! Le fatal résultat tient essentiellement à ce que ces jeunes bourgeons inférieurs, recevant une alimentation peu substantielle et *souvent interrompue*, s'étiolent et l'épuisement qui en résulte les change en vrilles. Si quelques jeunes grappes échappent à cette transformation, une partie des grains coule ordinairement à l'époque de la floraison.

## Y A-T-IL UN MOYEN D'ÉVITER CES GRAVES INCONVÉNIENTS OU PEUT-ON LES RENDRE MOINS DANGEREUX?

§ 43. — Voici ma réponse et je la soumets aux appréciations de tous les hommes compétents : puisque la perte des jeunes bourgeons inférieurs est due en grande partie à leur mauvaise constitution et à la température plus ou moins froide et inconstante des premiers jours du printemps, n'y aurait-il pas un moyen pratique de retarder un peu le développement de ces bourgeons, afin que cette phase de la végétation pût coïncider avec une température plus chaude et plus constante, — c'est-à-dire afin d'arriver au moment où les jours sont un peu plus longs et le soleil un peu plus chaud?

La solution de ce problème est des plus faciles si l'on veut bien adopter la *taille tardive, seul et unique moyen de retarder la végétation des bourgeons inférieurs d'un cep, de dix à quinze jours, en temps ordinaire.*

On me  demandera comme on me le demande depuis
vingt ans, si le retard dans la marche de la végétation
ne nuira point à la précocité de la maturation du fruit
et si la puissance expansive de la charpente ligneuse
n'en sera point ralentie ou amoindrie? Cette question
complexe ne m'effraie pas le  moins du monde, car
j'y suis habitué depuis si longtemps! Eh bien, voici
ce que je réponds aujourd'hui et ce que j'ai toujours ré-
pondu :

Vous voudriez sans doute une explication physiologique de la taille que je vous propose? Je ne puis
satisfaire à votre  désir, puisque tous les auteurs qui
ont écrit sur la viticulture et sur la physiologie végétale
en général, sont opposés à la taille tardive. Je n'ai donc
à vous offrir pour appuyer et défendre mon système que
la brutalité des faits pratiques et des succès constants
pendant plus de vingt ans. Mais me voilà lancé dans
la carrière nébuleuse des explications, et je ne puis
résister aux  entraînements inhérents à la pauvre
humanité.

En effet, pourquoi me priverais-je de cette satisfaction et d'expliquer à ma manière les intéressants
phénomènes qui nous occupent? Or, comment pouvoir
expliquer sans avoir préalablement un point d'appui?
Heureusement, j'ai trouvé ce point d'appui dans une
théorie nouvelle........ théorie assez subversive il est
vrai, mais qui me paraît très-vraisemblable.

Avant de communiquer ma théorie, j'ai besoin de
revenir sur quelques phénomènes assez remarquables
de la végétation, parce que tous viennent défendre ma

méthode de taille tardive. Je fais donc appel à tous ces puissants auxiliaires qui me donneront le courage nécessaire pour marcher dans cette voie nouvelle.

J'ai dit que c'était l'extrémité de la jeune grappe qui se montrait en premier lieu et que les premières formes s'y développaient le plus souvent. J'ai dit que ce travail se faisait successivement sur tout le reste de la grappe et *au fur et à mesure de son développement*, et qu'il fallait plus de quinze jours pour que toutes les formes fussent complètes. Or, comme la séve se porte toujours avec plus de force à l'extrémité des parties d'un végétal, il est évident que les formes de l'extrémité de la jeune grappe doivent recevoir une nourriture plus abondante que celle du reste de la grappe. Alors, ne doit-il pas en résulter une précocité toute naturelle et une grande vigueur? Les grains qui sortent de ces formes sont sans doute plus précoces, plus gros et plus riches en principes sucrés. Eh bien, c'est le contraire qui arrive, et les grains de l'extrémité de la grappe sont les derniers qui mûrissent, et ce sont eux qui contiennent le moins de principes sucrés.

Ces faits observés, je ne crains pas de le dire, avec une grande puissance de volonté et une curiosité patiente, froide et cependant bien ardente, m'ont amené à croire que, pratiquement parlant, j'étais sur les traces certaines des causes principales de ces phénomènes de la végétation.

Voici ma théorie explicative ; je la soumets avec confiance à tous les vignerons praticiens, et je la recommande à la bienveillance des hommes de la science.

Si cette théorie ne reçoit pas un accueil favorable, eh bien! j'appellerai mes contradicteurs dans le champ clos des faits pratiques, et *je crois que les faits sont tout en agriculture, car, devant leur logique inexorable, toutes les théories nouvelles ainsi que les plus anciennes, s'évanouissent et disparaissent pour toujours.*

## MA THÉORIE :

§ 44.— 1° J'admets, comme principe invariable, que l'air, le soleil et l'eau agissent d'une manière directe, générale et absolue sur l'élaboration, *plus ou moins riche, plus ou moins complète* de ce liquide qu'on nomme la séve, — c'est-à-dire que cette élaboration étant faite sous l'influence de variations thermométriques subites et répétées, de pluies trop prolongées, d'un soleil peu chaud, de nuits longues et froides, le liquide séveux mis en mouvement dans des conditions aussi fâcheuses, se trouve plus ou moins chargé d'eau *et contient plus ou moins de principes fertilisants.*

2° Si, au contraire, cette élaboration de la séve a lieu dans un moment où les nuits sont un peu moins longues, le soleil plus chaud et ces variations thermométriques plus rares, la décomposition des principes fertilisants contenus dans le sol *se fait plus facilement et plus instantanément.* Ce liquide séveux est donc enrichi de nouveaux principes fructifères, principes qu'il ne possédait certainement pas en aussi grande quantité, avant cette température plus favo-

rable... En raisonnant ainsi et après de longues années
de réflexions, j'ai eu la hardiesse de conclure que, suivant la température et l'époque du printemps, *la séve
pouvait être plus ou moins riche*, et comme nous vi-
vons en un temps où tout est baptisé, j'ai dû me sou-
mettre à la mode du jour, en appelant la première
*séve froide* et la seconde *séve chaude*.

3° Si l'on veut bien admettre cette théorie, tout s'explique, tout se simplifie; car, alors, le vigneron intelligent prendra tous les moyens possibles pour retarder
de quelques jours la végétation de sa vigne, afin que
cette végétation commence au moment même où la séve
doit être plus riche et par conséquent plus fécon-
dante.

Voilà bien certainement l'apologie la plus complète
de la taille tardive, et voilà qui explique pourquoi l'extrémité de la petite grappe qui se développe en premier lieu, sous l'influence *de la séve froide,* n'a jamais
les grains aussi forts ni aussi gros *que ceux qui se
forment quelques jours plus tard.*

Désirant avant tout calmer les inquiétudes, ou pour
mieux dire l'effroi qui s'empare des apôtres conserva-
teurs de la routine, lorsqu'on leur parle de taille tardive, opération désastreuse qui, suivant eux, est syno-
nyme d'épuisement et même de mort, je tiens à leur
prouver que je suis dans le vrai, puisque je leur offre
des faits pratiques incontestables, tels que ceux-ci :
végétation luxuriante et produits considérables, malgré
l'application rigoureuse et suivie de ce régime soi-di-
sant épuisant et mortel, — régime que j'ai publié et pré-

conisé depuis plus de vingt ans, sans avoir pu mériter la moindre attention des vignerons qui n'ont rien voulu entendre et rien voulu voir! C'est, je crois, le cas de dire, sans trop de modestie et sans trop de vanité : *Ils ont des yeux et ils ne voient pas ! ils ont des oreilles et ils n'entendent pas.*

## LA TAILLE TARDIVE EST TOUT AUSSI FAVORABLE A LA BELLE VÉGÉTATION DU BOIS QU'A CELLE DU FRUIT.

§ 45. — Il est évident pour moi que si la température est constante, chaude et humide, les bourgeons de la vigne se développent avec une grande vigueur et qu'on obtient toujours une belle pousse de bois et beaucoup de fruits.

Il est encore évident pour moi que si l'on taille de très-bonne heure, en février ou dans les premiers jours de mars, le vigneron ne peut jamais savoir positivement si les deux yeux inférieurs qu'il conserve sur son courson seront bons ou mauvais, ou seulement un peu avariés! accidents qui arrivent souvent aux yeux les plus rapprochés de la tête du cep, et par conséquent les plus rapprochés de la surface du sol. Aussi, qu'arrive-t-il et qu'entend-on répéter bien souvent? Nos vignes n'ont pas de bois cette année, et comment ferons-nous pour provigner au printemps prochain? Nos vignes n'ont pas de raisins, et le peu qu'on y voyait a été détruit par la coulure, à l'époque de la floraison! Enfin, nos vignes ont beaucoup souffert de la gelée blanche tardive, etc., etc.

Le vigneron qui, au contraire, n'a pas taillé avec un bandeau sur les yeux et qui a attendu le moment où ses bourgeons inférieurs allaient bientôt débourrer, a pu voir et il a bien vu si les deux yeux qu'il voulait conserver avaient une belle apparence; ce vigneron ne laisse donc rien au hasard, et si un de ces yeux inférieurs est mort ou avarié, il taille à un œil plus haut et a toujours du bois et du fruit, etc.

On me demandera sans doute pourquoi la séve que je nomme séve froide et qui vient alimenter et débourrer *de très-bonne heure* les yeux de l'extrémité des rameaux, lorsqu'on cultive la vigne à longs bois, pourquoi cette séve, peu riche encore en principes fertilisants, produit-elle des bourgeons toujours fructifères et d'une grande vigueur?

Voici ma réponse :

Les yeux qui se trouvent sur le prolongement du sarment jusqu'à son extrémité, sont si bien conservés et si fortement constitués que cette première séve, peu riche encore, suffit à leur premier développement. Quelques jours plus tard, une nourriture abondante et plus substantielle leur arrive tout juste au moment où leur appétit exige impérieusement cette alimentation confortable et succulente; alors la fécondation des germes fructifères contenus dans ces bourgeons marche rapidement et leur avenir est assuré.

Mais, au contraire, les yeux inférieurs ne s'étant pas trouvés dans des conditions climatériques aussi favorables, pour traverser les mauvais jours d'un hiver accidenté, sont maladifs, frêles et délicats.

2*

Ces malheureux, pour débourrer et faire leur première entrée dans le monde, exigent donc une nourriture riche et substantielle, pour suppléer à leur faiblesse native. La réussite de ces yeux inférieurs dépend donc entièrement de la température du moment où ils commencent à débourrer. C'est ce que j'ai observé depuis longtemps, et les années d'abondantes récoltes ont toujours donné raison à ma théorie. Si, en 1865, la coulure a fait tomber une grande quantité de grains, c'est que la floraison s'est faite par une chaleur tropicale et que la longue sécheresse qui l'a suivie, ayant desséché le sol à une grande profondeur, le mouvement séveux s'est brusquement ralenti à cause de la souffrance qu'éprouvait le chevelu supérieur, et les petits grains nouvellement formés ont été pour ainsi dire atrophiés par cette température brûlante. Les plus robustes seulement ont survécu à ces rudes épreuves.

Pour prouver ce que j'avance, je dis que la coulure ne s'est manifestée d'une manière sérieuse que dans les sols légers, sablonneux, pierreux, peu profonds et exposés en plein midi, tandis que dans toutes les terres fortes, les terres argilo-calcaires et profondes, les raisins sont gros et bien fournis.

### CONCLUSION.

§ 47. — Voici la conclusion des observations qui précèdent : dans tous les départements du centre et dans tous les pays où la température de mars, avril, mai et les premiers jours de juin, est sujette à de subites variations thermométriques et où les gelées blanches tardives sont à craindre, il faut adopter franchement et radicalement la méthode de la taille tardive, en suivant les conseils que j'ai donnés § 6 du *Guide pratique* du vigneron.

J'engage vivement tous mes collègues en viticulture à faire cet essai, bien persuadé d'avance qu'ils me sauront gré du conseil que je leur donne.

Nous verrons dans la cinquième partie qui va suivre et qui traite de la vendange, des faits nouveaux et très-curieux, qui tous viennent encore à l'appui de ma méthode de taille tardive.

# CINQUIÈME PARTIE.

## De la Vendange et de la Vinification.

A QUEL DEGRÉ DE MATURITÉ DOIT-ON CUEILLIR LE RAISIN POUR FAIRE DU BON VIN ET QUELS SONT LES SIGNES PRATIQUES QUI ANNONCENT CETTE MATURITÉ CONVENABLE ?

§ 48. — Avant de répondre à ces deux questions, je dois d'abord expliquer certains phénomènes curieux qui se manifestent dès le moment de la véraison jusqu'à la maturité complète.

Ces phénomènes une fois reconnus, on pourra préciser le moment opportun de faire la vendange, afin d'obtenir du bon vin, c'est-à-dire du vin qui aura toutes les qualités désirables, suivant la nature des cépages, suivant le sol, le climat et l'exposition, et en même temps qui donnera toutes les garanties les plus sérieuses de conservation et de durée.

## DE LA VÉRAISON.

§ 49. — Au moment où va commencer la véraison, quelques grains du centre de la grappe, et souvent les plus rapprochés du pédoncule, sont les premiers qui prennent une légère couleur rosée; avant ce moment de changement de couleur, les grains de la grappe sont tous d'un vert mat azuré dans certains cépages et vert mat simplement dans le plus grand nombre; tout-à-coup quelques grains du centre de la grappe et souvent les plus rapprochés du pédoncule deviennent d'un brillant remarquable, comme si au moyen d'un pinceau on les avait badigeonnés avec un vernis ou un corps gras, comme de l'huile par exemple; ce brillant annonce d'une manière certaine que ces mêmes grains vont prendre la couleur rosée dont je viens de parler, et en effet ces premiers grains brillants sont bien ceux qui au bout de cinq à six jours prennent la couleur rosée. Les autres grains de la grappe deviennent successivement brillants, et comme les premiers, ils prennent la couleur rosée. Ce phénomène est tout naturel si l'on a tenu compte du moment de la floraison, de la température qui régnait alors, car ce changement de couleur suit invariablement la marche progressive et successive de la floraison de chaque grain. Lorsqu'un grain a pris la couleur rosée, le brillant disparaît pendant plusieurs jours, et suivant la température du moment, ce grain rose redevient brillant, et deux ou trois jours après la couleur rose prend une teinte violacée plus foncée ; disparition du brillant comme précédemment et changement de couleur en violet azuré plus ou moins foncé ; enfin chaque grain ayant suivi la même marche arrive à la couleur d'un noir mat très-remarquable ; ce noir complet arrive dans plus ou moins de temps, suivant le plant, le climat, le sol et l'exposition, dans tous les pays tempérés, les plants précoces, tels que les gamays, les pinots, persans, arrivent à cette couleur dans les premiers jours de septembre ; mais si la température a été très-chaude, en juin, juillet et août, les raisins de ces cépages précoces sont d'un noir mat à la fin d'août. Les plants tardifs, tels que la mondeuse, la chyra, le carbenet, etc. etc., n'arrivent en temps ordinaire à ce degré de maturation que du 15 au 20 septembre ; le bois prend alors une couleur plus ou moins rouge, suivant l'espèce de cépage, et sa maturation marche rapidement.

Dans le midi, ces mêmes phénomènes ont lieu de 20 à 30 jours plus tôt.

Nous verrons dans le paragraphe suivant ce qui, selon moi, produit ce brillant sur les grains de raisin, à chaque phase nouvelle de maturation et de changement de couleurs.

### MATURITÉ COMPLÈTE ET PHÉNOMÈNE CURIEUX QUI L'ANNONCE PLUSIEURS JOURS D'AVANCE.

§ 50. — La grappe étant complétement noire dans toutes ses parties, on pourrait supposer que les grains sont vraiment mûrs ; mais n'en croyez rien, car si vous les goûtez, vous vous apercevrez qu'ils contiennent encore un principe acerbe et peu agréable : peu de jours après, si le soleil est chaud et que les nuits ne soient ni fraîches, ni humides, les premiers grains que nous avons d'abord vus d'un rose pâle, puis successivement violacés, et enfin arriver au noir mat, paraissent subitement d'un brillant qu'on ne peut vraiment comparer qu'à une légère couche de vernis ou d'huile, ou de tout autre corps gras. Chaque grain prend à son tour ce brillant extraordinaire, suivant son âge, sa vigueur et la température du moment; mais, chose remarquable, j'ai eu la patience d'observer que ce vernis en question paraissait sur chaque grain avec la précision mathématique de la marche, de la floraison, et en suivant le même ordre.

Voici maintenant mon opinion sur la nature de ce vernis :

Je crois que ce brillant, qui paraît et disparaît à chaque phase de la maturation des grains de raisin, *est une excrétion cireuse, soit une excrétion d'un corps gras qui existe dans le verjus du raisin, et dont la présence, en quantité plus ou moins considérable, donne au vin une âpreté et une verdeur détestables.* Cette supposition de ma part n'a rien d'irrationnel, puisque, d'après les analyses faites par les plus savants chimistes, le moût du raisin contient des huiles essentielles, des substances mucilagineuses et amylacées, etc. Il est donc très-probable que ces différentes *excrétions cireuses*, surtout la dernière, ont la plus grande importance, puisqu'elles doivent diminuer la trop grande quantité des huiles essentielles contenues dans le verjus et ensuite dans le moût. Je puis encore citer des faits qui viennent à l'appui de ces suppositions; voilà les plus positifs :

Si, comme je viens de le dire, la température est chaude, constante et uniforme, cette excrétion cireuse devient prompte et rapide. Alors le vin est de bonne qualité. J'ai pris des notes très-exactes, et après de nombreuses observations, j'ai reconnu que dans toutes les années de grands vins, ce phénomène de l'excrétion d'un corps gras ne durait que huit à dix jours sur tous les grains de la grappe, tandis que dans les années ordinaires l'excrétion se prolongeait jusqu'à quinze et vingt jours, et dans les années froides et pluvieuses cette excrétion devenait très-difficile, très-incomplète et quelquefois même, ce qui fort heureusement est bien rare, l'excrétion devenait impossible. J'ai pu étudier ce phénomène dans l'année 1860, et le vin de cette récolte a généralement été très-mauvais.

Après la période ordinaire de l'excrétion cireuse, le raisin prend de nouveau une couleur d'un noir mat, mais d'un velouté admirable. Ce phénomène n'a lieu que successivement sur chaque grain et en suivant toujours le même ordre que pour la floraison et les précédentes excrétions.

Après cette dernière transformation de couleur, quelques jours de beau soleil après l'effeuillage qui doit se faire dans ce moment et comme je l'ai déjà indiqué dans le *Guide pratique du Vigneron*, les raisins sont suffisamment mûrs pour avoir un vin de qualité et de durée.

Il résulte des observations qui précèdent que, si l'excrétion cireuse se prolonge trop, elle se fait mal ou elle est incomplète; le vin est alors de très-médiocre qualité. Si, au contraire, l'excrétion est prompte et rapide, puisqu'elle est favorisée par le soleil et par une température chaude et uniforme, le vin sera de très-bonne qualité.

Or, pendant que vous voyez des grains noirs mais brillants, attendez encore plusieurs jours avant de vendanger. Après la disparition du brillant, si le temps est beau, attendez encore le plus longtemps possible pour commencer la vendange; mais si des intempéries précoces sont à craindre, hâtez-vous de vendanger et vous aurez du bon vin.

Voyons ce que dit à ce sujet notre savant maître, le docteur Jules Guyot : « Je n'hésite pas à formuler » en principe qu'il faut faire la vendange le plus tard » possible, en saison, etc. »

Plus loin il ajoute :

« Pour faire les bons, les vrais vins de France, » sauf peut-être pour quelques points du midi, il faut » récolter le raisin à son plus haut point de maturité : » la perfection de la maturité est presque aussi impor- » tante que la finesse du cépage, etc. »

Plus loin encore il dit :

« Les préceptes essentiels de la production du vin le » plus riche possible *ne peuvent être appliqués d'une* » *manière absolue ;* l'infécondité de certains cépages, » leur saveur et leur odeur spécifique, leur incompati- » bilité avec certains sols et certains climats, *le cours*

» *défavorable des saisons, et surtout les gelées d'au-*
» *tomne, doivent les modifier souvent et d'une façon*
» *grave, etc., etc.* »

Je suis donc parfaitement de l'avis du docteur Jules Guyot, et j'applaudis à la réserve qu'il fait en parlant de certains vignobles du midi... Car dans les climats si chauds, un excès de maturité augmente tellement la quantité des principes sucrés que leur changement en alcool et leur assimilation au vin, par la fermentation dans la cuve, devient impossible.

Nous savons bien qu'une certaine partie seulement du sucre contenu dans le moût se change en alcool par la fermentation, et qu'il en reste toujours une certaine quantité en suspension dans le vin; nous savons bien que cette dernière partie sucrée donne naissance à *la fermentation latente* et que cette *fermentation latente constitue la vie des vins*; mais si après la fermentation dans la cuve et la fermentation vineuse dans le tonneau, cette quantité de sucre qui reste en suspension dans le vin est beaucoup trop considérable, il est bien à craindre que la fermentation latente, sur laquelle nous comptons, ne change tout-à-coup de nature en passant du rôle tranquille qui lui était assigné à celui plus tur-bulent de *fermentation active*, phénomène qui entraîne souvent après lui des maladies plus ou moins graves, et très-certainement une désorganisation réelle et une détérioration dans la finesse du vin. C'est ce que nous voyons si souvent dans le midi et dans des climats si-milaires, où l'on devrait vendanger un mois plus tôt, afin d'éviter cet excès de maturité et, par conséquent, cette trop grande quantité de principes sucrés.

## CES MÊMES ACCIDENTS ARRIVENT-ILS AILLEURS QUE DANS LE MIDI ?

§ 51. — Ces mêmes accidents, causés par un excès de maturité, arrivent aussi dans nos climats tempérés, et voici dans quelles circonstances :

Si la température a été très-favorable et qu'on retarde la vendange pour obtenir une maturité excessive, nous voyons souvent les vins de certaines localités privilégiées par le sol et l'exposition, s'acétifier ou s'absinther, ou bien tourner complétement dans le courant de l'année qui suit la vendange. Ces accidents sont entièrement dus, comme dans le midi, à la trop grande quantité de sucre laissé en suspension dans le vin. Je puis encore citer, à l'appui de ce qui précède, les observations faites dans les années de grands vins, telles que celles de 1822, 1834, 1848, 1854, etc., etc.; la maturité étant arrivée à sa dernière limite, une grande partie de ces vins n'a pu résister aux chaleurs de l'été suivant, dans certaines localités très-chaudes et bien exposées, car à chaque instant les vins fermentaient dans les tonneaux et fort peu résistaient à ces terribles épreuves.

Pour obvier à ces pertes inévitables dans les sols privilégiés dont nous venons de parler, nous n'avons qu'à examiner la position du vignoble, son altitude et la nature du sol dont il est composé; car, si un vignoble se trouve dans un sol calcaire et pierreux, ou dans un sol granitique et sablonneux, qu'il soit en côte rapide exposé au midi et garanti ou abrité au nord par des rocs, des bois, une montagne, surveillez attentivement le phénomène de l'excrétion cireuse qui, suivant la température élevée du moment, sera bientôt terminée, et peu de jours après les raisins seront suffisamment mûrs pour obtenir qualité et conservation du liquide. Il est certain que partout où l'on peut obtenir des vins liqueurs, on attend, pour faire la vendange, que les raisins commencent à pourrir ; mais ce n'est pas de ces vins dont nous nous occupons dans ce moment.

Il est incontestable que, dans tous les climats tempérés, on trouve des expositions où l'on obtient une maturité presque égale à celle du midi : je puis citer, à cette occasion, quelques parties privilégiées de certains vignobles de la Savoie ; on devrait donc vendanger ces parties de vignobles 12 à 15 jours plus tôt que ceux qui les avoisinent. On devrait agir de même pour certaines positions privilégiées de ces derniers vignobles qui se trouvent dans les mêmes conditions de sol, d'exposition et d'abri, etc.

Mais en suivant cette marche vraiment rationnelle, que deviendrait le ban des vendanges, et comment ferait-on entendre raison aux apôtres routiniers de ce triste héritage de nos devanciers ?

## DU BAN DES VENDANGES.

§ 52. — On voit, d'après ce qui précède, que je suis un fervent démolisseur du ban des vendanges, et, en effet, cette ancienne coutume est, suivant moi, et d'après l'avis de tous les viticulteurs sérieux et intelligents, le plus grand obstacle à toute bonne vinification. Cet obstacle est aussi désastreux pour le vigneron qui veut introduire dans son vignoble des cépages plus fins et plus précoces, que pour celui qui veut vendanger lorsqu'il croit ses raisins suffisamment mûrs ou qui veut attendre les dernières limites de maturité.

Nous connaissons maintenant le moment opportun de cueillir nos raisins, toutes choses égales d'ailleurs, sous le rapport du sol, du climat et de l'exposition. Mais il est encore essentiel d'ajouter que, en temps ordinaire, dans nos climats du centre, lorsque les vignes sont plantées en cépages tardifs, la dernière excrétion cireuse est terminée du 25 au 30 septembre ; alors la vendange peut avoir lieu du 8 au 15 octobre. A cette époque de l'année, les nuits sont déjà plus longues et souvent froides ; la saison des brouillards arrive, et la gelée blanche couvre quelquefois les raisins. Eh bien, j'ai toujours observé qu'à la suite de deux ou trois journées de brouillard et *d'une seule de gelée blanche*, les feuilles de la vigne étaient subitement atteintes et se détachaient des pampres qui les portaient. J'ai encore observé que la pellicule des grains de raisin étant surprise par le contact de la gelée blanche, comme cela arrive parfois après un fort coup de soleil, cette pellicule se durcissait et se parcheminait, pour ainsi dire, ce qui lui enlève son élasticité en arrêtant immédiatement tout développement et toute augmentation de maturité. Cela est tellement vrai, que s'il survient un jour ou deux de pluie, la pellicule éclate et le grain pourrit.

Dans tous les cas, et en admettant les meilleures conditions possibles, à la suite d'une gelée blanche, j'affirme que tous les raisins qui ont subi cette épreuve et celle des brouillards, restent tels qu'ils sont, et que leur maturité ne s'améliore plus en supposant même une suite de beaux jours jusqu'à la fin d'octobre. Je n'avance que des faits certains et des faits pratiques ; je dois donc les affirmer franchement et sans réticences.

Espérons que le Gouvernement de l'Empereur, qui s'occupe avec une si généreuse et si intelligente activité de tout ce qui peut faire progresser l'agriculture, fera bientôt disparaître l'ancienne et stupide coutume du ban des vendanges, en rendant aux vignerons le même droit et la même liberté dont jouissent les propriétaires de toutes les autres cultures ; je fais chaque année le même vœu et je vois avec satisfaction que cette liberté devient tellement nécessaire que le ridicule commence à venir à notre aide, en paralysant les efforts impuissants des vieux routiniers....... N'est-ce pas là un symptôme avant-coureur de la loi libérale qui sans doute fera partie du Code rural élaboré par le Conseil d'État ?

## DU GLEUCOMÈTRE.

§ 53. — Nos raisins seront bientôt mûrs, puisque la dernière excrétion cireuse vient de faire son apparition ! mais les vignerons *les plus savants* veulent encore consulter en dernier ressort un tout petit instrument qu'on nomme gleucomètre ! soit pèse-moût ! Je ne puis mieux faire, pour vous donner une idée exacte de cet

instrument, que de citer textuellement ce que nous en dit M. le docteur Jules Guyot : « Le gleucomètre, dit-il,
» est un instrument fort simple et peu dispendieux,
» ressemblant à tous les aéromètres, et comme eux
» facile à employer par tout le monde ; il consiste en un
» tube de verre, renflé à sa partie inférieure, soit en
» sphère, soit en cylindre et constituant par sa partie
» supérieure une tige graduée portant une échelle dont
» le zéro occupe la partie supérieure, et dont les unités
» représentant un degré, augmentent en descendant
» jusqu'au point de jonction de la tige avec la partie
» renflée de l'instrument.

» Le gleucomètre indique d'une façon absolue la
» densité du moût et donne des résultats approximatifs
» très-suffisants de la quantité de sucre qui concourt à
» augmenter sa densité.

· » Un degré du gleucomètre représente à peu près,
» par hectolitre, 1,500 grammes de sucre, qui, à la fer-
» mentation, produisent un pour cent d'alcool pur ; mais
» le moût de raisin contient des matières non sucrées et
» non réductibles en alcool, qui concourent aussi à sa
» densité ; toutefois, ces matières n'influent que dans
» la proportion d'un dixième à un quinzième sur le
» chiffre des degrés que marque le gleucomètre ; en
» retranchant un douzième de ce chiffre, on connaîtra
» donc en moyenne la quantité de sucre que contient
» le moût. Cette approximation est suffisante pour la
» pratique, etc. »

## MANIÈRE D'OPÉRER.

**54.** — Voici maintenant la manière d'opérer. Je tiens beaucoup à donner cette explication avec la plus grande simplicité, afin d'être compris par tous les vignerons.

Écrasez et exprimez le jus de quelques grappes de raisin ; filtrez ce jus à travers un linge ni trop fin ni trop grossier.

Versez ce jus ainsi filtré dans un petit vase en fer-blanc, dont la forme sera celle d'un cylindre et le diamètre celui d'un demi-litre.

Plongez le gleucomètre dans le liquide. Si le moût est très-dense, c'est-à-dire riche en sucre, le gleu-comètre s'enfoncera peu et le degré qui arrive juste à la surface du liquide indique très-approximativement ses qualités sucrées ; retranchez un degré sur douze, et ce degré retranché représente assez exactement les matières étrangères au sucre.

Il faut, en commençant l'opération, s'assurer si le moût a une température de douze degrés centigrades ; le moyen le plus simple pour s'en assurer, c'est de plonger un thermomètre dans le liquide, et si l'instru-ment marque 16 à 18 degrés, il ne s'agit plus que de plonger le cylindre de fer-blanc, qui contient le jus de raisin, dans de l'eau fraîche, en le laissant ainsi tout le temps nécessaire pour obtenir la température exigée de douze degrés.

Une fois cette manœuvre terminée, plongez le gleucomètre dans le moût, comme je l'ai déjà indiqué, et votre opération aura toute l'exactitude désirable. On voit qu'il est très-facile d'opérer et qu'il est important de répéter plusieurs fois cet essai, au fur et à mesure du progrès de la maturité, afin de se rendre compte de l'amélioration qu'on a pu obtenir en retardant plus ou moins le moment de la vendange.

NOTE SUR LA RICHESSE GLEUCOMÉTRIQUE DES MOUTS.

§ 55. — Les moûts qui ne marquent que 6 à 8 degrés, sont des vins communs et de qualité très-inférieure.

Les moûts qui, par le choix des cépages, marquent de 9 à 14 et 15 degrés, produisent les bons et grands vins. Enfin, de 15 à 24 degrés, ils produisent les vins de liqueurs, etc.

TRAVAUX PRÉPARATOIRES DE LA VENDANGE.

§ 56. — 1º Nettoyage de la cuverie, des cuves et des pressoirs.

2º Examiner si les cercles des cuves sont en bon état; gonver ces cuves en changeant l'eau chaque jour et pendant plusieurs jours; en laver l'intérieur pour arriver à une propreté complète.

3º Laver à plusieurs eaux la plate-forme du pressoir; gonver les petites cuves, soit cuviers, les gerles, cornues, hottes, etc., etc., qui servent à transporter la vendange, soit sur des charriots, soit sur le dos des vendangeurs.

Ces récipients varient de forme à l'infini et prennent un nom différent dans chaque vignoble; ici ce sont des gerles, des cornues; ailleurs, ce sont des hottes, des tandelins, etc., etc.

4º Préparer les tonneaux. Si l'on se sert de grands foudres, je conseille d'enlever un des fonds pour faciliter la dessiccation complète du dépôt tartreux qui couvre la partie intérieure. Lorsqu'ils sont secs, les faire râcler soigneusement jusqu'au bois; cette opération a une très-grande importance, et voici pourquoi :

Si on laisse le tartre dans un tonneau et qu'on le remplisse d'un vin sortant de la cuve et du pressoir, il est évident que ce liquide conserve encore une température assez élevée, et ne fait qu'augmenter au fur et à mesure de la fermentation vineuse, qui a bientôt lieu dans le tonneau. Si le vin a suffisamment fermenté dans la cuve, cette nouvelle fermentation vineuse ne dure que dix à douze jours; or, pendant ces dix à douze jours, le vieux tartre qui garnit l'intérieur du tonneau étant en contact immédiat avec ce liquide en fermentation, finit par communiquer au vin un goût assez prononcé, mais très-peu agréable. Ce vin devient dur, âpre et conserve, lorsqu'il est froid, un cachet particulier qu'on a, faute de mieux, désigné sous le nom de *goût de terroir*. Si le moût a peu fermenté dans la cuve, alors la fermentation vineuse dans le tonneau dure beaucoup plus longtemps, et ce goût de terroir est toujours augmenté en proportion.

Je puis affirmer que plus les tonneaux sont vieux et plus la couche tartreuse est épaisse, plus le soi-

disant *goût de terroir* est prononcé. En faut-il donner
une preuve? Eh bien, la voici : remplissez une cuve de
même vendange et venant d'un même vignoble. Le vin
sorti de cette cuve sera mis partie dans des tonneaux
parfaitement râclés, nettoyés et lavés, et partie dans des
tonneaux tartreux, mais soigneusement lavés : ce premier vin n'aura pas le moindre goût de terroir, et le
second en sera largement gratifié.

Il est cependant très-vrai que certains sols com-
muniquent au vin qu'ils produisent un goût spécial,
qu'on a bien raison de nommer *goût de terroir*, mais
le pauvre sol est souvent bien innocent de cette fausse
accusation, puisque c'est ordinairement à la routine et
aux anciennes croyances populaires qu'on doit attribuer
ce goût désagréable.

Comme je viens de parler des anciennes croyances
populaires, en voici un exemple frappant :

J'ai souvent entendu dire par des propriétaires
d'une certaine instruction et par tous les vignerons en
général, que le vieux tartre qui couvre l'intérieur des
parois d'un tonneau était une garantie de conservation
des vins; que ce tartre leur donnait de la force et
beaucoup de *pointe*, soit *un montant extraordinaire*.
Que répondre à des braves gens qui paraissent con-
vaincus? Les malheureux appellent *pointe* ou *montant*
cette sensation âcre et brûlante qu'on éprouve dans
l'arrière-bouche en buvant le vin tartreux.

Je m'adresse donc à tous les vignerons raisonnables
et je leur répète : Râclez vos tonneaux, et après avoir
replacé le fond ou le guichet, s'il y en a un, faites ser-

rer les cercles, gouvez avec de l'eau bouillante dans laquelle vous aurez mis une poignée de sel de cuisine par chaque hectolitre de la contenance du tonneau.

Tous les fûts de 5 à 6 hectolitres doivent avoir un guichet pour faciliter leur râclage lorsqu'ils sont parfaitement secs. Les mâconnaises, les feuillettes et autres petits fûts ne pouvant êtres râclés, doivent toujours être rincés avec la chaîne de fer, chaque fois qu'on fait un soutirage ; on les laisse égoutter, on les parfume ensuite avec de la bonne eau-de-vie et on bouche parfaitement. (On prend deux tiers de litre d'eau-de-vie pour une pièce de deux à trois cents litres et un tiers pour une feuillette de cent litres.)

Ces petits fûts peuvent très-facilement se conserver intacts de goût dans une bonne cave, en ayant soin de placer le bouchon de la bonde complétement en dessous, afin que l'eau-de-vie maintienne un peu d'humidité au bouchon et empêche toute communication de l'air extérieur dans le tonneau.

Si la cave est très-sèche, il faut, pendant les chaleurs de l'été, arroser de temps en temps l'extérieur de ces fûts vides et remettre de l'eau-de-vie plusieurs fois dans le courant de l'année.

On se sert de ces pièces ainsi soignées et bien conservées, pour les premier ou second soutirages des vins vieux, car les vins nouveaux sont ordinairement mis dans des foudres ou tonneaux qui ont été préalablement râclés.

Dans plusieurs grands vignobles de France où les vins ne contiennent pas une quantité suffisante de tannin pour les conserver, il convient de mettre les vins nouveaux dans des fûts en chêne et *complétement neufs*. Il paraît que le chêne communique au vin le tannin qui lui est nécessaire, ce qui devient pour lui une garantie de conservation.

Il n'en est pas de même dans d'autres vignobles où les vins étant abondamment pourvus de tannin, le contact du chêne des tonneaux neufs suffit pour donner à ces vins une apreté extraordinaire, et cette apreté ne disparaît entièrement que plusieurs années après.

5° Les tonneaux étant prêts, on ne doit les égoutter que quelques instants avant de les mettre en place.

6° Il faut passer la revue des entonnoirs de bois et de ferblanc; des barils et petites barriques servant à transporter le vin de la cuverie dans les tonneaux ; ne pas oublier les gros robinets, ni le quinquet qui doit éclairer la cuverie pendant les nuits de pressurage.

Voilà bien tout le matériel en ordre et en bon état. Occupons-nous maintenant du personnel.

## DU PERSONNEL.

§ 57. — Il faut d'abord s'assurer d'un nombre suffisant de vendangeurs *pour qu'on puisse remplir une cuve dans un seul jour*. Cette condition est très-essentielle, et nous en dirons deux mots en parlant de la fermentation.

Nos vendangeurs sont prêts ; nos raisins sont aussi mûrs que nous le désirons, et, sans nous inquiéter du ban des vendanges qui voudrait nous astreindre à commencer ou à retarder notre vendange, nous devons préférer être en contravention et payer une amende de 15 fr., plutôt que de vendanger des raisins qui ne sont pas encore mûrs avant ceux qui le sont suffisamment, ou bien encore nous vendangeons des cépages précoces, qu'il nous serait défendu de cueillir, et nous préférons encore payer l'amende que de laisser pourrir notre récolte. En vous donnant ce conseil, ma conscience est tranquille, car mon but est de faire du bon vin. Enfin le signal du départ est donné, et les vendangeurs partent pour le vignoble.

### PLACEMENT DES OUVRIERS.

§ 58. — Si la vigne est plantée en lignes, les vendangeurs, hommes, femmes et enfants, sont placés un sur chaque ligne. Si la vigne est plantée en foule, on place les vendangeurs à 1 mètre les uns des autres. Chaque ouvrier doit être muni d'un petit panier ou d'un seau, ou de tout autre récipient pour recevoir les raisins au fur et à mesure qu'on les coupe. Il faut absolument que chaque vendangeur ait une serpette ou des ciseaux pour couper le pédoncule, et non le rompre brusquement, comme je le vois faire si souvent. Cette dernière manière de cueillir le raisin est très-mauvaise, car on perd du temps en faisant plus ou moins d'efforts pour le détacher du sarment qui le porte, et, de plus, on perd une assez grande quantité de grains, qui tombent sur le sol à chaque secousse qu'on imprime au raisin.

Un homme porteur suffit pour quatre ou cinq vendangeurs. Il prend les petits paniers ou seaux lorsqu'ils sont pleins de raisin, et les verse dans le récipient qu'il doit emporter sur ses épaules. Lorsque ce récipient, gerle, cornue ou hotte, etc., etc., est plein, un des vendangeurs de son escouade l'aide à charger cette gerle sur ses épaules. Cette manœuvre devient inutile lorsqu'on a assez de bon sens pour se servir de hottes, car alors l'ouvrier peut facilement se charger seul. Il porte ensuite cette vendange jusqu'à la cuverie, si le vignoble en est très-rapproché; dans le cas contraire, on a placé sur un charriot un grand cuvier pour recevoir la charge des porteurs de vendange. Le charriot étant le plus près possible du vignoble, la manœuvre devient prompte et facile. Lorsque le cuvier est plein, un cheval ou des bœufs partent pour la cuverie, et un autre charriot arrive au vignoble pour continuer le va-et-vient sans interruption et sans perte de temps.

On charge quelquefois les gerles pleines, au lieu de les verser dans le grand cuvier dont nous venons de parler; alors on les arrange les unes à côté des autres, en les liant solidement sur le charriot. Cette manière d'opérer vaut infiniment mieux que la précédente, car il est bien plus facile de décharger le charriot *gerle* par *gerle*, que d'être obligé de puiser dans ce grand *cuvier* pour remplir de nouveau ces *gerles* et les porter ensuite dans la cuve! C'est donc du temps gagné et c'est beaucoup en agriculture! Je conseille ce dernier moyen qui oblige, il est vrai, de faire l'acquisition d'un plus grand nombre de *gerles* ou *cornues*, mais le temps perdu en suivant le premier mode de transport est une dépense bien plus considérable que celle de l'achat de quelques récipients de plus. Cette dépense diminue encore, en la répartissant sur deux ou trois années; il ne s'agit pour cela que d'un peu d'attention et de quelques soins à donner à ces récipients pour les conserver jusqu'à la récolte prochaine; on doit donc les empiler les uns dans les autres, en les mettant dans un local un peu frais, et l'année suivante on les sort à l'époque de la vendange et on les remplit d'eau quelques jours avant de s'en servir, etc.

### NETTOYAGE DES RAISINS.

§ 59. — La serpette ou les ciseaux servent encore à retrancher des grappes les parties vertes ou qui ne sont pas assez mûres. Ces parties de raisin, s'il y en a beaucoup, doivent être mises à part; on peut en faire un vin inférieur, ou ce qui vaut infiniment mieux, les joindre aux marcs pour faire de l'eau-de-vie.

Ce choix des raisins est indispensable lorsqu'on veut faire du très-bon vin et que le prix en est suffisamment rémunérateur. Je recommande aussi de laisser sur place les raisins qu'on appelle conscrits, et si la gelée blanche ne vient point contrarier leur maturation, on peut en faire une seconde petite vendange. Ce vin sera toujours de petite qualité, mais on peut le boire dans les ménages de vignerons; il est très-certain qu'en mélangeant dans une cuve de bon vin une certaine quantité de conscrits et quelques parties vertes qui se trouvent dans une grappe, cinquante kilogrammes de

ces mauvais raisins suffisent pour gâter quarante hectolitres d'excellent vin ! Que les vignerons des bons
vignobles suivent mes conseils, et ils reconnaîtront
bientôt la vérité de ce que je viens de dire.

## DE L'ÉCRASEMENT DES GRAINS.

§ 60. — L'écrasement des grains facilite la fermentation en la rendant générale et complète dans toutes
les parties de la cuve. Ce fait étant admis par tous les
œnologues, examinons comment nous devons opérer et
quel est le meilleur procédé pour que cet écrasement
soit complet et exécuté le plus rapidement possible.

Pendant près de trente ans, j'ai fait écraser mes
raisins par des ouvriers à pieds nus, et voici comment
on procédait :

Aussitôt que dix *gerlées* étaient versées dans la cuve,
un homme y entrait et au moyen d'une fourche ou d'un
trident en fer, il étendait la vendange dans toute l'étendue de la cuve ; après cela, il dansait en piétinant sur les
grappes pour en écraser les grains ; lorsque j'étais présent, l'écrasement avait lieu, tant bien que mal, mais
on profitait avec bonheur de quelques instants d'absence
pour supprimer cette danse assez fatiguante ! Cette
mauvaise volonté des vignerons n'avait rien de bien
extraordinaire, puisque la routine ne voulait pas qu'on
écrasât les grains et que j'étais le seul dans le pays qui
voulût faire mieux que les autres ? Ce procédé était
donc mauvais, puisque je n'obtenais jamais un écrasement complet.

Depuis cette époque, j'ai vu en Bourgogne, chez un habile et savant viticulteur, M. le comte de la Loyère, un instrument très-simple, peu coûteux et facile à manœuvrer. Cet instrument exécute parfaitement l'écrasement de tous les grains. Voici sa description : il consiste dans deux cylindres en bois dur et cannelé, tournant parallèlement l'un contre l'autre et en dedans. Ces cylindres sont ajustés à la partie inférieure d'une trémie dont ils forment ainsi le fond. La distance d'un cylindre à l'autre est de 3 à 5 millimètres, afin que les rafles ne soient pas écrasées ni même meurtries dans leur passage entre les deux cylindres. Au dessus des cylindres est placé un récipient en forme d'entonnoir qui tient toute la longueur de l'instrument. Cet entonnoir est fait en simples pare-feuilles, ce qui le rend très-léger.

L'instrument étant placé sur une cuve, les porteurs de vendange versent les raisins dans cet entonnoir, et les deux cylindres sont mis en mouvement au moyen d'une manivelle en fer qu'un ouvrier fait mouvoir sans peine. Les raisins sont naturellement attirés entre les deux cylindres par leur mouvement de rotation en sens contraire et en dedans; les grains seuls sont écrasés à leur passage, et tout tombe en même temps dans la cuve, liquide, pellicules, rafles et pépins. C'est donc ce procédé que j'ai adopté et que je conseille comme étant le meilleur jusqu'à ce jour. .

Cinq ou six tours de manivelle suffisent pour l'écrasement de 50 kilog. de vendange, et ces cinq ou six tours demandent tout au plus sept à huit secondes. J'ai bien dit en tête de ce paragraphe le but qu'on voulait atteindre en écrasant tous les grains de raisin, mais on me demandera sans doute de plus amples explications afin de motiver l'importance de cette nouvelle main-d'œuvre. C'est ce que je vais tâcher de faire dans le paragraphe suivant :

## POURQUOI FAUT-IL ÉCRASER LES GRAINS?

§ 61. — Comme je n'ai jamais eu la prétention d'é-crire pour les hommes de la science, mais seulement pour les petits vignerons praticiens, c'est à ces derniers que je m'adresse en leur faisant part des résultats qu'on obtient par l'écrasement des grains de raisin. J'ai l'espoir que les explications qui vont suivre suffiront pour convaincre les plus incrédules, et les voici dans toute leur simplicité d'expression :

1º En mettant dans une cuve des raisins écrasés et d'autres qui ne le sont pas du tout, une grande quantité de grains restent ronds, et même des grappes entières sont intactes. C'est ce qui arrive partout, et ce qu'on peut facilement vérifier lorsqu'on sort la vendange de la cuve pour la mettre sur le pressoir. Car, en effet, on voit encore des raisins entiers qu'on pourrait manger. Examinons maintenant le phénomène qui a eu lieu dans la cuve pendant la fermentation.

On comprendra facilement que les raisins écrasés sont les seuls qui aient fermenté, ainsi que le moût qui en est sorti. On sera forcé de comprendre que les raisins non écrasés n'ont pas fermenté le moins du monde, et en voici la preuve évidente :

Lorsqu'une cuvée est ainsi organisée et qu'elle a fermenté suffisamment, c'est-à-dire lorsque le moût qu'on en tire a déjà perdu sa douceur en prenant une certaine vinosité très-accentuée, le propriétaire donne le signal du décuvage. On place le gros robinet, et on tire le liquide contenu dans la cuve, en le distribuant dans plusieurs tonneaux jusqu'à moitié seulement, afin d'achever leur remplissage avec le vin de pressurage. Ce mélange se fait comme je l'ai dit et ordinairement par moitié. Après le soutirage du vin de cuve, que se passe-t-il? On procède à la sortie du marc, et on le place sur la plate-forme du pressoir, en l'arrangeant en cube plus ou moins élevé et dont les faces forment un petit talus. Ensuite on serre la vis du pressoir, et le vin coule de nouveau dans un récipient placé au-dessous du conduit de la plate-forme.

2° Pourquoi ce vin de pressurage ne ressemble-t-il en rien à celui sorti de la cuve? Pourquoi ce vin de presse est-il d'une douceur extrême, tandis que celui de cuve n'avait plus de douceur, et, au contraire, avait déjà acquis toutes les qualités vineuses d'un vin fermenté et bien fait?

Cette différence énorme, qui existe dans la nature de ces deux vins, nous prouve jusqu'à la dernière évidence que les grains non écrasés n'ont point fermenté dans la cuve, et que, placés sur le pressoir, ils sont pour ainsi dire comme des raisins qui arrivent du vignoble, et alors leur jus est doux comme du miel! Que doit-il résulter de ce mélange dans les tonneaux, d'un moût fermenté avec celui qui ne l'est pas? Il en résulte que ce dernier *devra subir, dans le tonneau, toutes les phases de la fermentation, y compris la fermentation tumultueuse, et ensuite la fermentation vineuse !* Et, en effet, c'est ce qui arrive.

Ce dégagement de gaz acide carbonique est quelquefois si considérable, que le liquide s'échappe par la bonde, et qu'on est forcé de tirer une certaine quantité de vin pour arrêter cet épanchement tumultueux. Voilà bien ce que nos vignerons routiniers voient chaque année ! Pensent-ils une seule fois aux conséquences fâcheuses qui doivent en résulter ? Non, sans doute : eh bien, je vais leur expliquer le mieux que je pourrai, le phénomème qui s'opère après ce mélange de vin dans les tonneaux.

Le malheureux vin de cuve, qui avait déjà passé par toutes les mêmes évolutions de fermentation et dans de bien meilleures conditions, puisqu'il était en contact avec la rafle, les pellicules, etc., condition essentielle pour lui communiquer le tannin dont il a si grand besoin pour se conserver, — ce malheureux vin, disons-nous, qui avait le droit d'aspirer à une vie douce et tranquille et à une simple fermentation latente, conservatrice et modérée, ce vin, qui n'attendait que le calme et le repos pour devenir limpide et brillant, est subitement entraîné, malgré lui, par la turbulente et mauvaise compagnie qu'on lui a infligée, et le voilà forcé de passer de nouveau dans toutes les péripéties les plus accidentées d'une fermentation tumultueuse et désordonnée !

Il résulte de cette fâcheuse opération, qu'une partie

du liquide contenu dans le tonneau a beaucoup trop fermenté, c'est celui de la cuve, et qu'une autre partie n'a subi qu'une fermentation incomplète, c'est celui de pressurage, et voici pourquoi :

Ce dernier vin étant mis en contact avec un liquide plus disposé à dormir qu'à tourbillonner tumultueusement, s'est trouvé contrarié et gêné, dans ses allures désordonnées, par le calme et la froideur du premier...; et, en effet, ce calme et cette froideur ne deviennent-ils pas des obstacles réels à l'agitation et aux mouvements gazeux du dernier arrivé? Je dois encore ajouter que ce vin de pressurage, n'ayant pas fermenté dans la cuve avec les rafles et les pellicules des raisins, ne contient pas la quantité de tannin nécessaire à sa conservation et à sa durée; ces deux vins mélangés n'ont donc plus cette homogénéité désirable, et portent avec eux des principes certains de détérioration. C'est ce qui explique pourquoi le moindre accident, le moindre changement brusque de température, les trop grandes chaleurs, les coups de tonnerre, l'époque de la floraison ou de tout autre mouvement séveux, sont autant de causes de maladies et de désorganisation; et, en effet, c'est le principe latent de fermentation qui prend subitement les allures d'une fermentation active et toujours en raison de la trop grande quantité de sucre qui se trouve en suspension dans ce vin de pressurage. Alors le vin devient facilement acide, ou bien il s'absinthe (*revieux*), ou enfin tourne complétement. Si cependant il échappe à toutes ces rudes épreuves, on peut être assuré que sa qualité ne sera jamais *supérieure* ;

qu'il conservera longtemps la dureté acidulée d'un vin jeune, et qu'il finira, en devenant vieux, par changer de couleur et par devenir blanc paille.

Par l'écrasement des grains, on obtient, comme nous l'avons déjà dit, une fermentation générale, égale et instantanée dans toutes les parties de la cuve, et il me sera facile de le prouver d'une manière évidente ; voici comment : le vin qui sort d'une cuve pleine de raisins écrasés est identiquement le même que celui qui sort du pressurage ; donc, tout a fermenté également ! La seule différence qu'on peut rencontrer, c'est que la couleur du vin de pressurage est un peu plus foncée que celle du vin de cuve, et que certaines parties sucrées qui n'ont pu se transformer en alcool pendant la fermentation sont forcées de sortir du marc par la forte pression du pressurage. Ce dernier vin est en effet plus coloré que celui de la cuve, parce que les parties colorantes, qui toutes sont dans la pellicule des grains, sont de même forcées de sortir par ladite pression, ce qui les oblige à se mélanger au liquide ; c'est pour ce motif de coloration qu'il convient de mettre de ce dernier vin dans tous les tonneaux qui contiennent du vin de cuve. L'écrasement des grains diminue cependant beaucoup l'importance du vin de pressurage, puisque la très-grande partie du liquide sort de la cuve et qu'il en sort très-peu par le pressurage.

## COMMENT DOIT-ON REMPLIR LES CUVES ?

§ 62. — Il ne faut jamais remplir que les cinq sixièmes d'une cuve, afin de laisser ce vide d'un *sixième au moins*, au-dessus de la vendange. Je dis *au moins*, car je préfère que ce vide soit plus considérable; en voici la raison :

Si la température est favorable et que le thermomètre marque 16° dans l'intérieur de la cuverie, la fermentation commence à se développer huit à dix heures après la vendange; si la température est plus élevée, la fermentation commence cinq à six heures après; mais en temps ordinaire, dans les climats tempérés, la fermentation n'est vraiment commencée que dix-huit à vingt heures après la mise en cuve; à partir de ce moment, elle va toujours en augmentant, jusqu'à ce qu'elle arrive à la fermentation tumultueuse: Enfin le ralentissement commence, et suivant la température elle arrive à son déclin après trois ou quatre fois vingt-quatre heures; parfois cependant, c'est vingt-quatre de plus ou vingt-quatre heures de moins. Ces différences tiennent essentiellement au degré de chaleur qu'il fesait au moment de la vendange, car, si les raisins sont froids lorsqu'on les met dans la cuve, il est certain qu'il faudra bien plus de temps pour que la fermentation commence, et au contraire, si la vendange est faite par un beau soleil et par une température chaude et constante, tout s'accomplit dans un laps de temps beaucoup plus court.

Voyons à présent ce qui se passe pendant le phénomène de la fermentation à l'extérieur de la cuve : il se dégage de la vendange une grande quantité de gaz acide carbonique; or, ce gaz étant plus lourd que l'air atmosphérique, il doit nécessairement rester à la surface de la vendange, si l'on a eu la précaution de laisser le vide dont nous venons de parler. Ce gaz devient alors une enveloppe qui couvre et garantit cette partie supérieure qu'on nomme *le chapeau* de toute acétification.

En effet, si la cuve est pleine, l'acide carbonique n'étant plus retenu par les parois de la partie de la cuve laissée vide, s'épanche au dehors et ne peut plus protéger *le chapeau* ! Ce chapeau se trouve alors en contact avec l'oxygène de l'air, sans cesse renouvelé par un courant inverse de l'acide carbonique et devient facilement acide, ce qui souvent occasionne la perte de la cuvée entière.

Les vignerons, qui malheureusement n'observent pas assez la marche successive de la fermentation, s'imaginent que toutes les années présentent les mêmes phénomènes, et que la vendange mise en cuve dans une bonne année, en y restant seulement trente-six ou quarante-huit heures pour donner un excellent vin, on peut accepter ce chiffre de quarante-huit heures pour toutes les années suivantes. C'est là une très-grande erreur et qui compromet souvent la vie et la durée des vins, car, si comme nous l'avons déjà dit, la température est froide au moment de la vendange et que la cuverie ne puisse être réchauffée par des fourneaux construits à cet effet, la fermentation est très-longue à se manifester, et ce n'est que trois ou quatre jours après la mise en cuve qu'on s'aperçoit d'un premier mouvement de ferment; il faut donc surveiller attentivement ce phénomène intéressant, et l'on ne doit compter les jours de fermentation que depuis ce moment. On ne doit donc jamais dire : nous laissons notre vendange dans la cuve pendant trente-six ou quarante-huit heures, etc., etc.

En général, dans les climats tempérés, la vendange reste en cuve de quatre à sept jours, suivant la température du moment.

J'ai conseillé, dans le § 56, de s'assurer d'un nombre suffisant de vendangeurs pour qu'on puisse remplir une cuve dans un seul jour. J'ai renvoyé l'explication de ce conseil au paragraphe qui traiterait de la fermentation et je viens remplir ma promesse :

Douze heures après avoir mis de la vendange dans une cuve, on s'aperçoit déjà d'un certain dégagement de calorique, ce qu'il est facile de vérifier en plaçant un thermomètre dans la partie supérieure du marc. Ce premier dégagement de calorique précède la fermentation et marche toujours avec elle ; si dans ce moment critique on ajoute de la vendange froide sur celle de la veille qui commence à fermenter ou qui va bientôt fermenter, il se manifeste immédiatement un refroidissement général, et il en résulte un temps d'arrêt dans cette première fermentation : ce refrigérant inopportun porte donc une grande perturbation dans la cuvée, puisqu'il est reconnu que *plus la fermentation est instantanée et marche rapidement, plus le vin est de qualité supérieure :* or, tout ce qui fait obstacle à ce mouvement prompt et rapide est opposé à la bonne vinification et enlève au vin cette homogénéité et cette finesse qu'on *ne trouve que dans les vins dont la fermentation a été prompte et sans intermittences.*

## PRÉCAUTIONS A PRENDRE LORSQUE TOUS LES GRAINS SONT ÉCRASÉS EN LES METTANT DANS LA CUVE.

§ 63. — L'écrasement de tous les grains augmente beaucoup la quantité de liquide contenu dans la cuve, puisqu'il en sort très-peu au moment du pressurage. Cette masse de jus étant mise en mouvement par la fermentation se trouve bientôt séparée des rafles et des pellicules. Ce marc surnage, pour ainsi dire, à la surface du liquide et forme bientôt un corps dur et compacte. La chaleur qui se développe dans cette masse épaisse de marc devient très-considérable.

Cette séparation du marc et du liquide a ordinairement lieu dans les quarante-huit heures. La fermentation du marc est beaucoup plus active que celle du liquide. Un thermomètre placé dans cette partie supérieure de la cuve marque 30 à 35 degrés au-dessus de zéro, tandis que si on le descend dans le liquide, c'est à peine s'il arrive de 20 à 25 degrés. Le jus s'élève bien, par la capillarité, jusque dans la partie supérieure du marc pour l'humecter et le rafraîchir, mais il convient d'aider un peu à ce rafraîchissement en enfonçant le chapeau deux ou trois fois, *après la fermentation tumultueuse.* Voici le procédé que je conseille pour exécuter cette opération :

Deux hommes, munis chacun d'un long et gros bâton, soit de fortes perches légèrement pointues, entrent dans la cuve, piétinent la surface du chapeau qui alors est dur, compacte et résistant à toute pression.

Ces deux hommes enfoncent vivement, à plusieurs reprises et en plusieurs endroits, ces grosses perches. On voit immédiatement que les trouées faites par les perches se remplissent de liquide. Il résulte de cette opération un léger rafraîchissant audit *chapeau,* mais la fermentation n'en est point ralentie; car, comme je l'ai déjà recommandé, on ne doit faire cette opération que lorsque la fermentation tumultueuse est presque terminée. On obtient par ce moyen une plus belle couleur, et le liquide, en communiquant dans l'intérieur du marc, prend plusieurs degrés de chaleur et active ainsi sa vinosité. N'oublions pas que le dernier foulage avec les perches doit se faire *au moins douze heures avant la fin de la fermentation.*

## QUEL EST LE MEILLEUR MOMENT D'OPÉRER LE DÉCUVAGE ?

§ 64. — Lorsque l'oreille, appliquée à la cuve, n'entend plus de bruit intérieur, bruit qui ressemble à une légère crépitation ; lorsque le chapeau commence à s'abaisser un peu ; enfin, lorsqu'on n'aperçoit plus qu'un petit cordon blanc autour de la vendange, cordon qui indique encore un léger dégagement d'acide carbonique, tous ces indices, qui frappent les yeux et les oreilles, indiquent suffisamment que la fermentation est à son déclin, et que bientôt elle va cesser. Voilà bien le moment où le vin est fait et aussi parfait que possible. Il faut donc se hâter de décuver, quelle que soit la couleur du vin ; car, en attendant plus longtemps, on n'obtient plus qu'un vin de macération, un vin bleu ou noir. Si, au contraire, on décuve trop tôt, et surtout lorsque la fermentation est encore active, ce vin contiendra peu de tannin, et conservera une trop grande quantité de sucre, puisque ce sucre n'aura pas eu le temps suffisant d'être changé en alcool par la fermentation.

Cette trop grande quantité de sucre est toujours une cause permanente de maladie pour le vin qui le tient en suspension. Dans tous les cas, il est facile de reconnaître un vin mal fermenté, car il ne s'éclaircit que très-difficilement, même pendant plusieurs mois après la vendange; il conserve beaucoup de douceur, est peu coloré, et se trouble facilement au moindre changement trop brusque de température. Enfin, la fermentation étant incomplète dans la cuve, on peut être certain que c'est au moins une des causes principales de toutes les maladies des vins, et surtout de l'acétification.

Si, par hasard, on en voit qui résistent, ils ne gagnent pas en vieillissant; ils conservent toute la vigueur et la vie des vins blancs; ils donnent le *brûle-gorge*, et ne peuvent jamais être ni agréables ni encore moins hygiéniques.

Voici ce que dit le docteur Jules Guyot, sur cette importante question :

« On a dit et répété partout que le meilleur indice » du moment convenable, pour la décuvaison des vins » rouges, était la constatation, par le gleucomètre ou » par la distillation, de la transformation de tous les » sucres du moût en alcool ; il n'en est rien : il reste » du sucre dans les marcs de vin rouge, après un

» mois, six mois et plus de cuvaison ; qu'il reste peu
» ou beaucoup de sucre à convertir...... ce sucre
» appartient désormais à la fermentation latente. Aussi-
» tôt que la fermentation apparente a cessé ; la décu-
» vaison doit donc avoir lieu, quand même la moitié
» de l'alcool ne serait pas encore produit ; car, en
» l'absence de chaleur et de dégagement abondant
» d'acide carbonique, les pépins, les pellicules et les
» rafles ne cèdent plus au vin que des produits de
» macération, etc., etc. »

Afin de préciser matériellement, pour ainsi dire, le
moment le plus favorable pour opérer la décuvaison,
j'ai dû éviter, m'adressant aux simples vignerons,
de leur dire qu'il fallait attendre le moment où la fermentation apparente venait de cesser, car alors il faudrait supposer des vignerons très-intelligents, très-at-
tentifs et suivant pas à pas avec intérêt et même avec
passion, toutes les phases de la fermentation. Avouons
franchement que des vignerons de cette catégorie et
même le plus grand nombre des propriétaires ne
prennent pas tant de précautions et s'inquiètent fort peu
des phénomènes dont nous venons de parler.

J'ai donc préféré, pour arriver à la complète exécu-
tion des conseils donnés par M. Jules Guyot, indiquer
le moment où la fermentation va cesser... sans craindre
qu'on dépasse la limite indiquée et qu'on arrive à la
macération. Je ne pouvais mieux réussir qu'en faisant
appel aux yeux et aux oreilles des vignerons et, en effet,
le petit cordon de fermentation qu'on entend à peine
leur indique qu'il faut se préparer. On se prépare donc ;

on met les tonneaux en place; on prend son repas avant le moment solennel de mettre le gros robinet à la cuve; on place les entonnoirs et on construit les *ponts* nécessaires pour que les porteurs puissent arriver à la hauteur des entonnoirs, si l'on a à remplir de grands foudres; toutes ces manœuvres et ces précautions préparatoires prennent toujours plusieurs heures, et tout est terminé lorsque le cordon gazeux va s'éteindre. Je conseille donc aux simples vignerons de suivre ces indications, et ils obtiendront très-certainement un bon vin dont l'avenir sera assuré.

# SIXIÈME PARTIE.

## Des soins à donner aux vins nouveaux et ensuite aux vins vieux.

### DE LA DÉCUVAISON.

§ 65. — Le premier vin qui sort de la cuve a reçu depuis longtemps le nom de *vin de goutte*. On a soin de répartir ce vin de goutte dans plusieurs tonneaux pour finir de les remplir par le vin de pressurage. Lorsque tout le liquide est sorti de la cuve, deux hommes se placent sur le marc, étant munis de bêche et de fourche. Deux autres ouvriers, placés sur un échafaudage extérieur, tendent successivement un de leurs récipients aux ouvriers qui sont dans l'intérieur de la cuve pour les remplir de marc. Chaque ouvrier emporte sa *gerle* pleine et la verse sur la plate-forme du pressoir et ainsi de suite. D'autres ouvriers arrangent ce marc comme nous l'avons indiqué, et ce mouvement de va-et-vient de la cuve au pressoir se faisant assez rapidement, la cuve est bientôt vide. Alors on commence le pressurage ; c'est avec ce vin de pressurage qu'on finit de remplir les tonneaux qui déjà sont aux 2/3 pleins de vin de goutte. Lorsque les tonneaux sont presque pleins, on place sur la bonde une simple feuille de vigne qui finit par se coller au moment où le vin ne laisse plus échapper de bulles de gaz par la bonde.

Lorsque le vin a convenablement fermenté dans la cuve, quelques jours suffisent pour calmer sa fermentation vineuse dans le tonneau ; aussitôt qu'elle est terminée, le vin devient froid et commence à s'éclaircir, et enfin à devenir presque limpide. On place un bouchon de liége sur la bonde, sans l'enfoncer encore trop fortement. Plusieurs jours après, lorsqu'on place l'oreille sur la bonde et qu'on n'entend plus aucune crépitation intérieure, il faut ouiller les tonneaux, placer le liége sur la bonde, sans boucher encore d'une manière définitive, et une fois que le calme du vin est bien reconnu, on bouche fortement. Les vins provenant de plants tardifs, lorsqu'ils sont bien faits, sont ordinairement prêts à être bouchés dans les premiers jours de novembre, tandis que les vins qui ont fort peu fermenté dans la cuve ne peuvent être bouchés que dans le courant de décembre et encore sont-ils toujours très-troubles.

On a demandé s'il convenait de remplir les tonneaux au moment du pressurage, de manière à faciliter le dégorgement du vin par la bonde? En effet, le vin, en fermentant dans le tonneau, dégage une assez grande quantité de gaz acide carbonique, qui entraîne dans son mouvement ascensionnel beaucoup de liquide.

Enfin, on m'a demandé s'il était préférable d'éviter ce dégorgement en ne remplissant pas complétement les tonneaux? Voici ma réponse :

L'écume qui sort par la bonde n'est autre chose que les principes de ferment, les résidus ou défécations qui doivent bientôt se précipiter au fond du tonneau pour se joindre aux lies. Il est donc inutile de laisser dégorger, puisque tous ces détritus disparaîtront avec les lies au premier soutirage, et que le dégorgement occasionne une perte de vin qui, étant entraîné au-dehors, forme une mare sous le tonneau. Il est évident que ce vin perdu devra être remplacé par des ouillages et des remplissages successifs.

### SOINS A DONNER AUX VINS DANS LES TONNEAUX.

§ 66. — Les tonneaux, une fois ouillés et bouchés, du 10 au 15 novembre au plus tard, doivent être ouillés de nouveau deux fois par semaine ; en décembre, une fois par semaine jusqu'à fin janvier, et à partir de cette époque, une fois par mois pendant toute la première année. Lorsque les vins sont vieux, on peut réduire les ouillages à six par année, soit tous les deux mois, à la condition cependant que la cave soit fraîche et un peu humide.... Dans le cas contraire, il faut ouiller tous les mois.

Pendant les premiers trois mois de la vie des vins, on doit visiter les tonneaux deux fois par semaine ; il faut surtout s'assurer que le vin ne fermente pas. Voici comment on doit faire pour reconnaître, sans déboucher le tonneau, si le vin fermente ou ne fermente pas.

Chaque bouchon de liége étant entouré d'un morceau de toile pour faciliter l'enlèvement dudit bouchon, il suffit de regarder si cette toile est sèche ou humide ; car si elle est sèche, le vin est calme et ne fermente pas ; si au contraire elle est humide, c'est un signe certain de la fermentation du vin et il faut s'empresser de déboucher. On facilite par ce moyen le dégagement de l'acide carbonique et on place le bouchon sur la bonde sans l'enfoncer ; quelques heures après, on peut boucher de nouveau.

En négligeant la visite des tonneaux, il arrive souvent que le vin en fermentant peut faire sauter un cercle et occasionner la perte du vin. Parfois, cette fermentation devenant très-forte et se prolongeant, met en mouvement toutes les grosses lies et les détritus qui étaient déjà séparés du liquide, et contribue ainsi à gâter le vin et quelquefois à le perdre entièrement. C'est dans ces prévisions fâcheuses qu'il convient de séparer le plus tôt possible le vin d'avec les lies. C'est ce que nous allons traiter dans le paragraphe suivant.

## A QUELLE ÉPOQUE DOIT-ON SOUTIRER LES VINS NOUVEAUX ?

§ 67. — Il est très-important, comme on vient de le voir, de séparer le plus tôt possible les vins nouveaux de la première et grosse lie. Le moment de faire cette opération est parfaitement indiqué par la nature même du vin dont la couleur claire et limpide annonce d'une manière évidente que les lies sont enfin séparées du vin et qu'elles sont au fond du tonneau. Voici par conséquent le conseil que je donne aux vignerons :

Visitez vos tonneaux dans la première quinzaine de décembre, et soutirez immédiatement tous les vins qui seront clairs. Ce soutirage doit être fait avec soin, dans des fûts bien lavés et nettoyés. Il suffit pour cela d'avoir un premier tonneau vide, et, au fur et à mesure qu'un tonneau est soutiré, on le rince à grandes eaux, on le fait égoutter quelques minutes, on le remet en place, on le remplit de nouveau, et ainsi de suite.

Au moment même où l'on vient de terminer ce premier soutirage, on ne doit pas boucher immédiatement, mais entreposer le liége sur la bonde sans l'enfoncer. Cette précaution me paraît indispensable ; car il arrive souvent que, pendant l'opération du remplissage des tonneaux, des globules d'air sont introduites dans le liquide ; et si ces globules ne trouvent pas une issue pour s'échapper, j'ai vu se manifester une nouvelle fermentation, et c'est ce qu'il faut toujours éviter avec le plus grand soin.

Douze heures après, on peut boucher définitivement. Je répète encore aux vignerons de visiter souvent les tonneaux pendant la première période de la vie du vin, afin d'éviter toute fermentation accidentelle.

A partir du 1er février, on ouillera tous les quinze jours, jusqu'au second soutirage.

## A QUELLE ÉPOQUE CONVIENT-IL DE FAIRE LE SECOND SOUTIRAGE ?

§ 68. — Si, à la fin de février et à la première quinzaine de mars, le vin est parfaitement limpide, profitez d'une journée sèche et froide pour opérer le second soutirage ; évitez avec soin les vents chauds et un temps humide.

Si le vin n'est pas assez limpide, attendez jusqu'à la fin de mars ; mais si à cette époque il ne paraît pas vouloir s'éclaircir, un fort collage suffira pour le clarifier, et quelques jours après on pourra soutirer.

Il est bien entendu que les conseils que je viens de donner s'adressent aux vignerons qui font fermenter dans la cuve jusqu'au moment où cette fermentation va cesser, car s'il était question de ces vins *clairets* à peine fermentés quelques heures, il serait assez difficile d'attendre qu'ils fussent clairs pour les soutirer, puisqu'ils restent troubles une grande partie de la première année.

J'ai dit qu'il fallait ouiller les tonneaux tous les mois pendant la première année de la vie des vins. Si cependant la cave où on les a placés après le second soutirage est fraîche et un peu humide, il suffira d'ouiller tous les deux mois jusqu'au troisième soutirage. Si, au contraire, la cave est très-sèche et peu fraîche, ne vous lassez pas de remplir les tonneaux tous les mois.

Vous verrez dans le courant de l'année, lorsque vous

ouillerez vos tonneaux, de petites fleurs blanches qui paraissent à la surface du liquide. Ces fleurs blanches, qui inquiètent fort peu les pauvres vignerons, sont déjà un commencement de putréfaction, et plus tard ces fleurs blanches donnent naissance à de petits insectes microscopiques, qui vivent ordinairement en grand nombre et en parfaite harmonie de famille dans tous les bons vinaigres. M. *Pasteur*, un de nos plus savants chimistes, a lu dans une séance de l'Académie impériale des sciences un rapport fort intéressant sur ce sujet. Nous devons encore à ce même chimiste une note pleine d'intérêt sur des expériences qu'il a faites au sujet des dépôts qui se forment dans les vins. Mais comme ces communications sont toutes scientifiques, et que je ne dois pas sortir du cadre populaire que je me suis tracé, je ne fais qu'indiquer les travaux importants de M. Pasteur pour engager les personnes qui n'en ont pas eu connaissance à se les procurer et à les lire avec toute l'attention possible.

Ces fleurs blanches étant les précurseurs des animalcules du vinaigre nous préviennent donc de l'acétification plus ou moins éloignée de notre vin, et nous devons nous en débarrasser le plus tôt possible.

C'est ce qu'on obtient en ouillant souvent, et voici comment il faut opérer :

Remplissez le tonneau jusqu'à ce que le liquide coule sur les bords de la bonde ; frappez sur le fond du tonneau avec le poing ou un morceau de bois, afin d'imprimer un bien léger mouvement à la partie supérieure du liquide : vous verrez alors toutes ces petites fleurs blanches arriver en foule à l'orifice de la bonde. Ajoutez alors un demi-verre de vin, et le liquide en débordant les entraîne avec lui, et si leur marche est arrêtée, on les entraîne de force en passant la main sur la bonde et en nettoyant avec le doigt toutes les fleurs blanches qui se trouvent arrêtées à son orifice. Une fois cette opération terminée, on bouche de nouveau, et si ces fleurs reparaissent encore, on répète le mois suivant la même opération.

## COMMENT POURRAIT-ON ÉVITER LA FORMATION DE CES FLEURS CRYPTOGAMIQUES DU VINAIGRE ?

§69.—Lorsqu'on a des vins vieux de qualité supérieure, il convient d'ouiller avec du vin de même qualité, mais si par hasard on a trop peu ou pas du tout de cette même qualité, il faut, après avoir soutiré ce vin et l'avoir bien bouché, placer le tonneau sur le côté, afin que la bonde et par conséquent le bouchon se trouvent complétement dans le liquide; il faut préalablement percer de nouveau le fût pour qu'on puisse placer le robinet sans changer la position du tonneau, puisque dans ce mouvement on mélangerait la lie avec le liquide; voilà le conseil que je donne pour tous les vins fins qu'on veut conserver pendant plusieurs années. Ce procédé n'est plus applicable aux vins jeunes, car avec ceux-ci la fermentation latente étant encore trop intense, l'ouillage des tonneaux devient une nécessité mois par mois.

## A QUELLE ÉPOQUE DOIT-ON FAIRE LE TROISIÈME SOUTIRAGE.

§ 70. — Si l'on traite un vin fin, délicat et peu chargé de matières acerbes et astringentes, il convient d'attendre le mois de mars de l'année suivante pour soutirer de nouveau, mais il faut faire un bon collage quelques jours avant de soutirer ; puisque nous parlons maintenant d'un vin fin et délicat, le collage avec les blancs d'œufs est celui qu'on doit préférer. Voici comment je fais cette opération :

### COLLAGE AVEC DES BLANCS D'ŒUFS.

§ 71. — S'il s'agit de coller une pièce de vin vieux d'une contenance de deux cent vingt litres, par exemple, je commence par tirer de cette pièce deux ou trois litres de vin. Ces deux ou trois litres serviront, après l'opération du collage, à ouiller la pièce.

Ensuite, je prends six blancs d'œufs bien choisis et bien frais et je les mets dans un plat.

J'ai préalablement fait dissoudre deux poignées de sel gris de cuisine dans un grand verre d'eau fraîche, et je verse cette eau, ainsi saturée de sel, sur les blancs d'œufs ; je fouette le tout avec une fourchette en fer, jusqu'à ce que les blancs d'œufs soient suffisamment divisés et désagglomérés, enfin jusqu'à ce qu'ils filent en tombant dans le vase, comme le ferait une colle quelconque, c'est-à-dire sans secousse et sans intermittence. On comprendra maintenant qu'il ne s'agit pas de fouetter ces blancs d'œufs en neige, comme on le fait généralement, *mais bien en colle.*

Ce mélange ainsi préparé, je le verse dans la pièce de vin, et, au moyen d'un bâton fendu ou de deux ou trois petites baguettes liées ensemble, j'agite la masse du liquide, sans que le bâton ou les baguettes dépassent le centre du tonneau en profondeur. Je décris un cercle en imprimant ce mouvement de rotation, et je continue ainsi jusqu'à ce que le vin écumant sorte par la bonde ; aussitôt après, je verse dans le tonneau les trois litres que j'avais tirés d'avance, et l'ouillage étant effectué, je bouche fortement.

Voici pourquoi je mets du sel et de l'eau avant de fouetter les blancs d'œufs :

1º L'eau saturée de sel empêche les blancs d'œufs de se mettre trop vite en neige, condition très-importante, car les blancs d'œufs, lorsqu'ils sont en neige, deviennent très-légers à cause de l'air contenu dans ces petites globules de neige, et restent par conséquent à la surface du vin, sans pouvoir descendre et sans coller ;

2º L'eau étant un peu plus lourde que le vin, facilite ainsi la descente successive et lente de la colle ; cette eau, devenant encore plus dense par l'addition du sel, augmente d'autant la pesanteur du mélange et assure le succès du collage, sans parler des qualités du sel, qui sont aussi très-favorables à la conservation du vin.

Au bout de huit à dix jours au plus, la colle est arrivée au fond du tonneau, et dans cette évolution lente et continue elle a pu entraîner avec elle tous les corps étrangers qui étaient encore en suspension dans le liquide, ainsi que le gros tartre et certaines parties colorantes qui devaient plus tard se déposer au fond du tonneau ou sur les parois de la bouteille.

Si l'on veut coller des vins chargés en matières à précipiter, on les soutire en décembre, comme nous l'avons déjà dit, et lorsqu'arrive le mois de mars suivant, on fait un collage énergique avec de la gélatine Lainé, ou bien encore avec des blancs d'œufs, mais en augmentant la quantité de ces derniers : neuf à douze blancs, au lieu de six. Après quelques jours de colle, on soutire dans un fût propre et en bon goût.

Quelques personnes mettent en bouteilles au mois de mars de l'année suivante ; mais je conseille d'attendre encore une année de plus, c'est-à-dire jusqu'au troisième mois de mars après la vendange. C'est quelques jours avant la mise en bouteilles qu'on procède à un troisième et dernier collage. Ce vin ainsi traité, conservera une limpidité parfaite, sera moëlleux ; son bouquet sera très-developpé et il jouira du velouté et de toute la finesse de liqueur que comporte son origine plus ou moins distinguée.

Je suis donc grand partisan des collages. Je les regarde comme un moyen certain de séparer du liquide, le plus rapidement possible, tous les corps étrangers, tous les principes durs et acerbes qui neutralisent le bouquet, ainsi que ces émanations suaves et parfumées qui distinguent les vins fins et de noble origine.

Ces mêmes résultats s'obtiennent, en partie, sans collage ; mais ce n'est qu'après de longues années d'attente. J'ai dit en partie, et je m'explique : le vin dépose à la longue dans les bouteilles tout ce que nous lui enlevons par les collages. Mais ces résultats ne sont jamais aussi prompts ni aussi complets, car le contact permanent du liquide avec ces dépôts tartreux, durs et acerbes, ne peut que nuire à la bonne qualité du vin...., sans parler des mauvaises chances plus probables d'une fermentation accidentelle et du mélange désastreux de ce dépôt avec le liquide.

## VINS BLANCS FERMENTÉS EN CUVE.

§ 72. — On fait aussi fermenter les raisins blancs dans la cuve, *comme on le fait pour les raisins noirs.* Ce procédé est souvent très-utile, lorsque le vignoble n'est pas composé de fins cépages. Ces vins communs *filent* et *graissent* facilement dans les grandes chaleurs, parce qu'ils manquent généralement d'une quantité suffisante de tannin. Or, la fermentation dans la cuve devient pour eux une cause certaine de conservation, puisque les rafles et les pépins de raisins leur procurent le tannin dont ils ont un si grand besoin.

La couleur des vins blancs ainsi fermentés paraît d'abord d'un jaune doré, mais après deux ou trois bons collages, le premier avec la gélatine Lainé, une plaque pour deux cent vingt litres, cette couleur change complétement et le vin devient blanc et aussi brillant qu'on peut le désirer.

J'ai fait cet essai sur de fins cépages et j'ai obtenu un vin sec fort agréable, et ayant perdu cette animation vineuse qui caractérise tous les vins blancs. Et ce vin blanc ainsi traité avait, au contraire, acquis ce calme fin et agréable qui rend le vin vraiment hygiénique et lui donne toutes les qualités alimentaires qui sont indispensables aux estomacs les plus rebelles.

Je crois donc que ce procédé pourrait être appliqué très-favorablement à tous les vins blancs qui *filent* et *graissent* facilement. Il en serait de même pour les vins qui ne seraient pas assez alcooliques pour faire des vins de liqueur et beaucoup trop cependant pour faire des vins alimentaires et de consommation générale. La fermentation dans la cuve les rendrait plus calmes et plus tranquilles, et ces vins, qui sont de véritables *casse-têtes*, deviendraient des vins d'un usage inoffensif.

Les soins à donner aux vins blancs fermentés, lorsqu'ils sont en tonneaux, sont parfaitement les mêmes que ceux qu'on donne aux vins rouges. Il est donc inutile de répéter ce que nous avons déjà dit.

### DES VINS BLANCS NON FERMENTÉS DANS LA CUVE.

§ 73. — Pour confectionner les vins blancs, il faut d'abord vendanger le plus rapidement possible, et presser la vendange avec la même célérité.

Tous les pressoirs sont bons pour cette opération; s'il ne s'agit que d'une petite quantité de raisin, on peut faire ce vin par un simple foulage à pieds nus. Le quart du moût reste bien dans les marcs, mais on peut le joindre aux raisins rouges qu'on met dans les cuves.

Si la quantité de raisins blancs est plus considérable, il faut vendanger rapidement, placer la vendange sur un pressoir et serrer la vis le plus promptement possible et sans donner le temps à la pressée de se mettre en fermentation.

Mais, comme la fermentation vineuse dans le tonneau sera des plus actives et des plus turbulentes et que nous ne voulons pas laisser dégager, soit débourber nos petits tonneaux, il convient de ne pas les remplir complétement, c'est-à-dire que si l'on a du moût pour remplir vingt hectolitres, il faudra en préparer au moins vingt-cinq. Alors on distribue le jus dans tous ces fûts au fur et à mesure qu'il arrive du pressoir, afin que les différents principes contenus dans chaque partie du vin de pressurage se trouvent mélangés convenablement dans toutes les pièces.

## FERMENTATION DES VINS BLANCS EN TONNEAUX.

§ 74. — La fermentation des vins blancs en tonneaux dure de trois semaines à un mois. Après cette période, arrive une fermentation lente qui n'empêche cependant pas le vin de commencer à s'éclaircir un peu.

Aussitôt que la fermentation tumultueuse est terminée, on procède au remplissage des pièces et on ouille chaque pièce deux fois par semaine jusqu'au premier soutirage.

Ce premier soutirage a ordinairement lieu dans les derniers jours de décembre : c'est alors que le vin commence à être clair.

Dans le courant de mars suivant, il faut un bon collage, et, quelques jours après, un second soutirage; il est indispensable de visiter les tonneaux en ouillant tous les mois.

Au mois de décembre suivant, coller et soutirer. Enfin, arrivé au mois de mars suivant, on procède au dernier collage, et huit à dix jours après on met en bouteilles.

On peut aussi mettre en bouteilles au mois de décembre précédent, après le second collage dont nous venons de parler, mais je préfère attendre au mois de mars, car les vins blancs ainsi traités ont une belle et brillante couleur, et jouissent de toutes les qualités qu'ils peuvent posséder suivant le cépage, l'exposition, le sol et le climat.

### DES VINS BLANCS DOUX ET VINS MOUSSEUX.

§ 75. — Le cadre que j'ai adopté ne me permet pas de m'occuper dans ce livre tout pratique des vins doux et des vins mousseux. J'engage les propriétaires qui voudront apprendre et étudier ces confections spéciales, toujours assez compliquées, à consulter les excellents ouvrages qui ont été publiés sur ce sujet (1), et, en suivant les conseils des œnologues les plus distingués, ils arriveront facilement à connaître les meilleurs procédés de fabrication des vins doux, des vins mousseux et des vins de liqueur.

(1) Je recommanderai, par exemple, le *Traité complet théorique et pratique de vinification,* de M. Dubief (publié par la librairie scientifique et industrielle E. Lacroix).

## DE LA MISE EN BOUTEILLES.

§ 76. — Après trente mois de tonneau et les trois collages qu'on a dû faire aux époques précédemment indiquées, on peut s'occuper de mettre le vin en bouteilles. Voici les soins préparatoires qu'on doit prendre avant de commencer l'opération :

Choisir les bouteilles dans une bonne verrerie, préparer de l'eau de lessive avec de bonnes cendres, et lorsque le mélange est suffisamment combiné par la cuisson, verser ce liquide tout bouillant dans un récipient quelconque; préparer un second récipient plein d'eau de fontaine et le placer à côté du premier. Aussitôt que la chaleur de l'eau de lessive est un peu diminuée, une femme prend une bouteille dans laquelle on a introduit une petite chaîne à plusieurs branches, et elle remplit à moitié ladite bouteille avec l'eau de lessive ; elle agite vivement et dans tous les sens, puis elle verse dans ce même récipient le contenu et passe cette bouteille à une seconde femme qui la rince à plusieurs reprises et la place sur une planche trouée pour la faire égoutter.

L'eau de rinçage doit être changée aussitôt qu'elle n'est plus assez claire.

Si au lieu d'avoir des bouteilles neuves, on veut se servir d'anciennes et vieilles bouteilles, le travail est un peu plus long, mais l'eau de lessive, suffisamment chaude, et la petite chaîne dont nous avons parlé, sont le meilleur procédé pour obtenir un nettoiement complet de tous les anciens tartres et vieux dépôts fortement fixés dans l'intérieur des bouteilles.

Il faut avoir soin de faire sortir les vieux bouchons qui, assez souvent, restent dans les vieilles bouteilles. Une corde nouée ou une petite pince en fil de fer exécutent parfaitement cette manœuvre.

Le choix des bouchons est une affaire très-importante, et on ne doit jamais faire d'économie sur une dépense de ce genre, puisqu'elle peut compromettre l'avenir d'un vin qu'on tient à conserver. Choisissez donc les meilleurs bouchons ; qu'ils soient peu troués, très-souples et élastiques... Payez-les ce qu'ils valent, et vous vous en trouverez bien. Conservez vos bouchons dans un endroit sec et plutôt chaud.

Les bouteilles sont propres et sèches. On place le robinet au tonneau, et on laisse sortir quelques premiers litres de vin avant de commencer à remplir les bouteilles. Cette précaution est nécessaire, car souvent le robinet se trouve placé trop près du dépôt occasionné par le collage, et la limpidité des premières bouteilles laisse quelque chose à désirer.

Trois ouvriers sont de service pour la mise en bouteilles : c'est le seul moyen de marcher rapidement.

Un ouvrier est au robinet pour remplir les bouteilles ; le second prend la bouteille pleine et égalise le vin, afin qu'il reste un centimètre de vide, au moins, entre le vin et le bouchon enfoncé. Sans cette précaution, si le bouchon arrive tout-à-coup jusqu'au liquide, il y a résistance, et il en résulte la rupture du verre, une perte de vin et surtout une perte de temps.

Les bouteilles, ainsi égalisées, sont remises au troisième ouvrier, qui bouche immédiatement.

On se sert, pour boucher les bouteilles, d'un grand nombre d'instruments plus ou moins compliqués. J'ai adopté le plus simple, et qui me paraît le meilleur. C'est un cylindre en bois qui s'ajuste sur le goulot de la bouteille. Le diamètre inférieur du cylindre est plus étroit que le diamètre du goulot de la bouteille. Le bouchon, trempé dans du vin, est placé dans ce cylindre. On couvre ce cylindre avec une petite calotte en bois qui est percée dans le centre, et donne passage à une chèville en bois dur qui descend sur le bouchon et sert à l'enfoncer. Voici comment se fait l'opération :

L'ouvrier qui bouche est assis sur un escabeau peu élevé. Une forte planche est placée entre les jambes de l'ouvrier, et c'est sur cette planche qu'on place la bouteille à boucher. Le cylindre en bois est placé sur le goulot de la bouteille ; le bouchon mouillé de vin est dans le cylindre ; le capuchon en bois est placé au-dessus et la cheville de bois est enfoncée à coups de maillet jusqu'à ce que le bouchon soit entièrement sorti du cylindre. Pendant cette manœuvre, l'ouvrier tient la bouteille et la base du cylindre avec la main gauche et frappe avec la droite. Comme on le voit, la partie inférieure du cylindre étant, comme je l'ai déjà dit, d'un diamètre plus petit que le goulot de la bouteille, le bouchon, quelle que soit sa grosseur, est forcé de sortir du cylindre et d'entrer dans le goulot, où il se dilate aussitôt et bouche parfaitement.

Ce moyen de boucher est très-expéditif et la casse

des bouteilles est très-minime. Je conseille cependant de ne pas choisir des bouchons trop gros, parce que ces bouchons devant entrer malgré leur grosseur, il devient bien difficile de déboucher une bouteille munie d'un bouchon trop fort, même en se servant des meilleurs tire-bouchons.

Aussitôt que la pièce est vide, les ouvriers affranchissent les bouchons au niveau du goulot; cette opération est très-vite faite, en se servant d'un couteau bien affilé. Pendant que deux ouvriers s'occupent de ce petit travail, le troisième prépare son réchaud et fait fondre le goudron qu'on a choisi. Aussitôt qu'il est fondu, les autres ouvriers tendent les bouteilles au troisième, ce dernier ne fait que tremper légèrement le goulot de la bouteille jusqu'au dessous du rebord, en la redressant vivement et en lui imprimant un mouvement de rotation sur sa main gauche, afin que le goudron puisse garnir toute la partie extérieure du bouchon, et ainsi de suite.

Le goudronnage est essentiel pour conserver les bouchons et les garantir de toute humidité et moisissure. On reconnaît aussi, en opérant avec le goudron chaud, si le bouchon n'est point taré, car cette chaleur subite, en frappant la partie supérieure du bouchon, occasionne le vide dans les parties mauvaises du bouchon, s'il y en a, et le liquide contenu dans la bouteille se précipite immédiatement dans ce vide, entraîné, comme il l'est, par le peu d'air contenu dans le goulot et qui, lui aussi, se précipite dans le vide du bouchon; en effet, on voit aussitôt paraître une gouttelette de vin à la surface du goudron, ce qui indique à l'ouvrier boucheur que le bouchon est taré et qu'il faut le remplacer. C'est ce qu'il faut faire sans tarder.

Au bout d'une demi-heure, on peut transporter les bouteilles dans le caveau où on les arrange, en les couchant horizontalement les unes sur les autres, et en séparant chaque rang avec deux petits cordons de paille. On peut mettre quinze à vingt rangs de bouteilles les unes sur les autres, sans avoir la moindre appréhension de casse.

Chaque qualité de vin doit avoir son compartiment et un numéro d'ordre qui indique, dans le livre du caveau, la qualité, la feuille, le nombre de bouteilles et le jour de la mise en bouteilles.

Le livre du caveau, comme celui de toute cave bien organisée, contient tous ces détails. On évite, par ce moyen, de mélanger les qualités de vins des différentes années et l'on prévient d'autres erreurs fâcheuses.

J'insiste sur l'importance du goudronnage, car c'est une garantie certaine de conservation, et l'aspect d'une bouteille bien goudronnée est toujours plus gracieux. Cette opération est si facile et s'exécute si promptement que trois ouvriers intelligents bouchent, goudronnent et placent dans le caveau douze cents bouteilles dans la journée.

Si le caveau est dans un local sous terre, sombre et frais, le vin y vieillira très-difficilement ; si, au contraire, on veut jouir plus tôt, il faudra placer les bouteilles dans un caveau obscur, mais au-dessus du sol et dont la température moyenne soit plutôt sèche et chaude que fraîche et humide. Dans un local de ce genre, des vins qui ont trois ans de bouteilles sont plus vieux et plus faits que ceux qui ont cinq et six années de bouchon dans des caveaux sous terre, frais et humides.

## MALADIES DES VINS.

§ 77. — Ce paragraphe, pompeusement intitulé : *Maladies des vins*, ne satisfera pas la légitime curiosité des vignerons qui, chaque jour, entendent dire qu'il y a des remèdes précieux pour guérir les vins malades. Je serai donc très-laconique sur ce sujet, et je n'avancerai que des faits pratiques dont je puis garantir l'exactitude.

Tous les hommes qui s'occupent sérieusement de faire de la bonne vinification vous diront franchement que les vins bien faits et avec de bons raisins bien mûrs, que ces vins mis dans de bons tonneaux et placés dans de bonnes caves, ne sont presque jamais malades.

Les conseils pratiques qui vont suivre s'adressent donc aux vignerons qui ne savent pas encore faire le vin, ainsi qu'à ceux qui ne s'en occupent plus dès qu'il est en tonneau.

## DE LA GRAISSE DES VINS BLANCS.

§ 78. — Les vins blancs étant sujets à la graisse : voici le remède conseillé par plusieurs œnologues distingués, et entre autres par M. François, savant et habile chimiste : *quinze à vingt grammes de tannin par hectolitre de vin*, ajoutés en solution dans de l'alcool un mois avant la mise en bouteilles.

On prévient donc cette maladie en faisant dissoudre quinze à vingt grammes de tannin dans un demi-litre d'alcool bon goût. Le tannin neutralise et précipite la matière azotée qui est en excès dans le vin blanc et qui est la cause principale de la graisse, soit de sa viscosité.

J'ai déjà dit, § 71, que le moyen le plus certain de garantir les vins blancs qui *filent* et *graissent* ordinairement, était de les faire fermenter avec les rafles et pellicules, comme on le fait pour les vins rouges. En effet, en suivant ce procédé, on communique au vin un tannin qui est bien supérieur à celui qu'on ajoute artificiellement, car le tannin extrait de la rafle et des pépins n'est pas le même que celui qu'on extrait de la noix de galles..... Et c'est ce dernier tannin qu'on emploie pour faire l'addition en solution d'alcool.

Quant aux divers remèdes conseillés par un grand nombre de fabricants de vin, tels que soufrages, méchages, etc. etc., je suis forcé d'avouer que, suivant ma pratique, ces divers moyens ne sont jamais favorables aux vins. D'ailleurs voici ce que dit, à ce sujet, notre savant maître, le docteur Jules Guyot :

« Ces soufrages, mutages, ou méchages, bien qu'ils
» aient la faculté incontestable de suspendre momenta-
» nément toute fermentation, toute action de décom-
» position vineuse, je ne puis les conseiller, car ils
» tuent le vin et lui donnent souvent un mauvais goût.

» J'admets encore moins toute autre matière minérale,
» végétale ou animale étrangères au vin, etc., etc. »

## DE L'ACÉTIFICATION.

§ 79. — Lorsque le vin a fermenté convenablement dans la cave ; qu'il a été soutiré, pressé et mis dans les tonneaux comme nous l'avons indiqué précédemment ; lorsque les soutirages de décembre et de mars ont été faits avec soin et intelligence ; que l'ouillage des tonneaux n'a pas été négligé et qu'il a été fait en premier lieu, tous les huit jours, puis tous les quinze jours, et plus tard tous les mois... oh ! alors ne craignez jamais cette maladie si commune qu'on nomme *acétification du vin*, *acidité du vin*, ou enfin *vinaigre*.

Chaque jour et à chaque instant on entend dire : ce vin pique, ce vin est acide, ce vin devient aigre, etc.

J'ai déjà parlé de ces petites fleurs blanches qui se forment à la surface du liquide aussitôt qu'il y a un vide entre la bonde et le vin...! Elles sont une preuve qu'il y a communication avec l'air extérieur par la bonde insuffisamment bouchée. L'ouillage fréquent des tonneaux est donc le seul moyen certain d'éviter ce contact de l'air extérieur. Mais, si on néglige cet ouillage mensuel, les fleurs blanches prennent un si grand développement que toute la partie supérieure du liquide en est bientôt couverte. Si alors il survient de grandes chaleurs, ces fleurs blanches cryptogamiques donnent naissance au petit insecte microscopique découvert par M. Pasteur et qui paraît vivre et prospérer dans les bons vinaigres. L'acétification commence toujours à la surface du liquide qui est en contact avec les fleurs blanches, et si l'on goûte ce vin de la partie supérieure du tonneau, on reconnaît immédiatement l'acidité et l'annonce de la prochaine arrivée du vinaigre. Si, au contraire, on perce le tonneau dans le centre, on est fort étonné de le trouver entièrement intact.

Soutirez donc, avec précaution, mais ne tardez pas d'un instant. Laissez dans le tonneau un quart du vin qu'il contient, afin de ne pas introduire dans le vin soutiré la partie supérieure déjà acétifiée. Tout ce que vous laissez dans le tonneau fera du bon vinaigre, et le vin soutiré pourra être bu de suite, sans qu'on s'aperçoive trop de la maladie dont il était si gravement menacé.

On préconise différents remèdes pour guérir les vins acides. On parle aujourd'hui de l'*antoxide*, et voici ce qu'en dit le *Moniteur vinicole* du 10 mai 1865. L'article étant signé par M. Louis Tavernier, rédacteur en chef de cet excellent journal, mérite toute notre attention :

« Une fiole d'antoxide nous a été confiée. Nous
» avions, dans un coin de notre cabinet, un restant
» d'échantillons de vins en mauvais état, qui nous
» avaient été adressés pour des conseils pratiques. Ces
» échantillons, après la dégustation, restent en vidange,
» et nous les réservons à des expériences et à des
» études. Nous avons choisi parmi eux celui qui nous
» a paru le plus complétement acidifié. C'était presque
» du vinaigre, du moins à l'odorat et au goût. Une

» demi-cuillerée à café d'*antoxide* a été introduite dans
» ce vin, et nous avons attendu.

» Le lendemain, nous avons remarqué un précipité
» considérable, dans lequel l'acide tartrique s'est trouvé
» en quantité. La liqueur a été passée au filtre, et, à
» notre grande surprise, nous avons obtenu un vin
» très-ferme, toujours coloré, vineux, et conservant
» à peine une trace d'acidité. Depuis huit jours, ce
» vin est resté à l'air libre dans une éprouvette; il n'a
» subi aucune altération, etc., etc. »

Plus bas il ajoute :

« Mais l'inventeur va plus loin encore; il assure que
» l'antoxide prévient même la fermentation, et qu'en
» cas de voyage, par exemple, un vin est préservé
» de toute altération acide. Nous voulons bien le
» croire; cependant, comme le temps et les circon-
» stances ne nous ont pas permis de vérifier cette as-
» sertion, nous ne saurions la garantir personnelle-
» ment. Nous n'affirmons que les faits dont nous
» sommes certain. Nous avons offert, d'ailleurs, à l'in-
» venteur du produit notre concours et nous tenons à
» la disposition des personnes qui voudraient essayer
» l'antoxide des flacons au prix le plus modéré, etc.

» *Louis Tavernier.* »

Comme le remède est tout nouveau, je ne puis en
parler, dans ce petit traité populaire, que comme
d'une annonce, et sous le patronage d'un homme
distingué, qui a toutes mes sympathies.

Tout vin qui fermente en tonneau dans le courant

de la première année, et à plus forte raison dans la seconde, sans avoir été soutiré et soigné, comme nous l'avons indiqué, peut devenir acide, peut s'absinther en devenant amer (c'est ce qu'on désigne sous le nom de *revieux*), ou enfin peut tourner complétement.

Guérir ces maladies par des procédés plus ou moins héroïques, c'est, suivant moi, un rêve ou une utopie. Le seul moyen de guérir ces maladies, *c'est de les prévenir*, et pour les prévenir il faut une bonne fabrication jointe à des soins intelligents et continus. Voilà le grand et véritable remède qui, je l'espère, sera apprécié par les vignerons, car il est au moins donné avec la plus grande franchise et la conviction la plus complète.

## VIN QUI DEVIENT TROUBLE DANS LE COURANT DE L'ANNÉE, SANS POUVOIR S'ÉCLAIRCIR.

§ 80. — Il arrive souvent qu'une pièce de vin, quoique parfaitement ouillée, éprouve accidentellement une fermentation latente un peu trop accentuée. Le peu de lie qui se trouve au fond du tonneau finit par remonter et le vin devient trouble sans pouvoir s'éclaircir de longtemps.

Voici un procédé bien simple qui m'a souvent réussi :

Aussitôt que je m'aperçois qu'un tonneau de vin a fermenté accidentellement et n'a plus sa limpidité ordinaire, je remplis le tonneau jusqu'au bord de la bonde... Je prends une bouteille d'eau fraîche, la plus froide possible, et si j'avais de la glace ce ne serait que mieux, pour la rafraîchir encore. Je renverse brusquement la bouteille d'eau en introduisant le goulot dans la bonde et dans le vin. La bouteille se tenant parfaitement en équilibre dans cette position, je la laisse ainsi jusqu'au lendemain.

L'eau étant un peu plus lourde que le vin, descend lentement dans le liquide, et le déplacement qui en résulte fait nécessairement monter le vin qui est plus léger, et ce dernier vient remplacer dans la bouteille l'eau qui continue tranquillement sa marche descendante.

En effet, au bout de douze à dix-huit heures, toute l'eau contenue dans la bouteille est descendue en traversant le vin, comme le ferait un collage. Cette eau paraît entraîner avec elle les corps de la lie qui, momentanément, étaient en suspension dans le vin. La fraîcheur de l'eau suffit-elle pour calmer un peu cette fermentation accidentelle ? Je ne puis l'affirmer, mais ce qui est très-certain, c'est que la bouteille, ci devant-pleine d'eau, se trouve entièrement pleine d'un vin pur et d'une limpidité parfaite. J'ai souvent observé que ce petit collage à l'eau fraîche arrêtait la fermentation et que le vin s'éclaircissait dans les vingt-quatre heures. En répétant la même opération deux jours de suite, le succès était d'autant plus assuré.

Lorsque le vin est devenu clair, il faut immédiatement le soutirer dans un bon tonneau et ne boucher définitivement que plusieurs heures après le soutirage. Si ce vin doit être expédié pour être livré à la consommation, on doit coller avant de soutirer, et expédier ensuite.

## VIN QUI A LE GOUT DE MOISI.

§ 81. — Le goût de moisi est entièrement dû au peu de soin qu'on a des fûts et à l'insouciance du vigneron qui, avant de mettre du vin dans un tonneau, néglige de s'assurer s'il est intact de tout mauvais goût.

Voici les précautions qu'il faut prendre pour éviter tous ces mauvais goûts et surtout celui de moisi. J'ai déjà dit et je préfère le répéter encore : ayez toujours des tonneaux très-propres, parfumés avec de la bonne eau-de-vie et parfaitement bouchés avec un bon liége. Placez la bonde en-dessous, afin que le bouchon soit toujours humecté par l'eau-de-vie. Il est vrai que le bouchon finit par être à sec, si on ne renouvelle pas de temps en temps l'eau-de-vie qui s'est vaporisée. Il convient donc de visiter les tonneaux vides et de mettre de l'eau-de-vie dans ceux qui en ont besoin.

Les plaques de moisissures qui se forment dans l'intérieur d'un fût, ne doivent leur origine qu'au contact de l'oxigène de l'air atmosphérique. Empêchez donc l'air de pénétrer dans votre fût et vous n'aurez jamais de moisissure.

Voilà bien le remède préventif, mais si on l'a négligé et qu'on ait un tonneau de vin assez fortement moisi, que faut-il faire ? et y a-t-il possibilité de faire disparaître ou de modifier ce goût détestable ?

A cette question, je réponds que le vin qui a un goût de moisi bien prononcé, ne deviendra jamais pur de goût, mais qu'en suivant le procédé que je vais indiquer, on en fera un vin passable qu'on pourra boire et, ce qui vaudra infiniment mieux, *qu'on pourra faire boire*. Ce procédé est connu de tous les temps, et, si je le préconise de nouveau, c'est que j'en ai expérimenté les effets pratiques, et cela depuis plusieurs années.

Pour une pièce de deux cent vingt litres, prenez deux bouteilles de bonne et excellente huile d'olive fine ; versez cette huile dans votre tonneau moisi ; agitez le liquide, comme vous le feriez pour un collage ; bouchez, et huit jours après, soutirez dans un tonneau de bon goût ; collez avec huit blancs d'œuf, et, après le collage, ajoutez un litre de bon alcool pur. Laissez reposer quelques jours et le goût de moisi aura diminué des trois quarts au moins. Il paraît que l'huile d'olive s'empare avec un généreux désintéressement de cette odeur nauséabonde et qu'elle l'emporte avec elle. Il est bien entendu qu'en faisant le soutirage, on laissera un quart du liquide malade dans son tonneau, afin d'éviter à la couche supérieure où se trouve l'huile de se mélanger avec le vin soutiré.

En un mot, je dis que toutes les maladies des vins, tous les mauvais goûts, etc., etc., tiennent essentiellement : d'une part, à la mauvaise fabrication et à la fermentation incomplète des vins dans la cuve ; d'autre part, au peu de soin qu'on a des vins lorsqu'ils sont en tonneaux ; enfin, à l'entretien et à la propreté des fûts qui restent plus ou moins longtemps dans des celliers ou dans des caves.

Je termine ce paragraphe en avouant franchement que je ne suis point partisan de tous ces remèdes em-

piriques, de toutes ces prétendues recettes et poudres
infaillibles, etc. etc. ; la seule, la véritable et bonne
recette, c'est d'avoir de bons cépages, de bons raisins
bien mûrs ; de les laisser fermenter convenablement
après les avoir écrasés ; de soutirer, ouiller, coller et
soutirer de nouveau aux époques indiquées. — Alors
j'ose garantir à tous les vignerons qu'ils auront du bon
vin et qu'ils n'auront jamais besoin de poudres, de
recettes et de remèdes infaillibles ; que ces vins se con-
serveront aussi longtemps que le comporte le cépage,
le sol, l'exposition et le climat.

### SOINS A DONNER AUX FUTS POUR LES AFFRANCHIR DE TOUT MAUVAIS GOUT.

§ 82. — Gardez-vous bien de vous servir de tonneaux
qui ont contenu des vins acides, amers ou absinthés,
des vins tournés et des vins moisis, etc.

Le moyen le plus certain serait, sans doute, d'en
acheter d'autres ; mais, comme on se sert souvent de
grands foudres qui ont une valeur assez considérable,
je vais indiquer les précautions qu'on doit prendre
pour les débarrasser de ces mauvais goûts ; j'ai fait ces
essais et les ai fait faire, avec un succès toujours assuré.

Si les tonneaux sont de grandes dimensions, on
enlève un des fonds, et un tonnelier ou un bon charpentier enlève, dans l'intérieur du tonneau et dans
toutes ses parties, une légère couche de bois de quelques millimètres seulement. Cette opération une fois
terminée, on replace le fond ; on gouve ledit tonneau

avec de l'eau bouillante salée fortement, une poignée par hectolitre ; après vingt-quatre heures, on rince à plusieurs eaux et on laisse égoutter. Si les tonneaux sont de petites dimensions, n'ayant pas de guichets, et le défonçage étant impraticable, on introduit dans ces petits tonneaux deux ou trois cuillerées d'acide sulfurique, étendu d'un litre ou d'un litre et demi d'eau. — Boucher et rouler dans tous les sens. — L'acide sulfurique brûle la surface intérieure du tonneau, qui est atteinte du mauvais goût, et produit le même résultat que l'instrument du tonnelier dans l'intérieur d'un grand tonneau ; on rince à grandes eaux, puis on fait bouillir cinq ou six litres de vin, qu'on verse dans le tonneau pour le parfumer. — On roule dans tous les sens, et après une heure ou deux on égoutte.

La chaux vive produit le même effet. Il faut alors réduire en poudre un litre de chaux, l'introduire dans le tonneau, et verser sur la chaux trois ou quatre litres d'eau pour l'éteindre, et en badigeonner la partie intérieure du tonneau ; on roule donc dans tous les sens pendant quelques instants. Il faut déboucher avec précaution, pour éviter au bouchon de sortir avec trop d'impétuosité, par suite du dégagement gazeux qui s'est produit par le mélange de la chaux avec l'eau. On égoutte, on rince à plusieurs eaux et on parfume le tonneau avec deux ou trois litres de vin bouillant ; on égoutte de nouveau, on le met en place, et on peut s'en servir sans appréhension.

Le goût de moisi est le plus persistant, et par conséquent le plus dangereux. Voici ce que j'ai fait faire, et avec une réussite complète : comme il s'agissait d'un foudre d'une assez grande valeur et qui n'avait pas servi depuis plusieurs années, je l'ai fait démonter par un charpentier et j'ai fait passer le rabot, non seulement dans l'intérieur, mais encore dans l'entre-deux de toutes les douves. Ce travail est un peu long, mais il est sûr. Voilà le véritable et unique moyen de pouvoir garantir l'avenir du vin le plus délicat qu'on mettrait dans un tonneau d'aussi *mauvais goût* que possible.

§ 83. — Je termine ce modeste petit livre en engageant tous les vignerons à faire l'essai des conseils que je me permets de leur donner, mais de suivre ces conseils sans rien y changer et sans vouloir les modifier... Car c'est la seule manière de juger irrévocablement de la valeur d'une méthode. Si, après la réussite, on trouve un moyen de l'améliorer et de la perfectionner, on doit immédiatement le mettre en pratique, et après plusieurs années d'expérience, on doit communiquer sa découverte à tous les vignerons. Voilà ce que j'appelle le véritable progrès et le véritable patriotisme.

J'espère que les hommes de la science viendront à mon aide pour expliquer divers phénomènes que je n'ai pu qu'effleurer, comme pouvait le faire un simple vigneron praticien.

J'ai encore l'espoir que le monde scientifique voudra bien faire un accueil bienveillant à ce petit livre qui est le résumé de mes observations de près de quarante ans ; — alors mon ambition sera tout-à-fait satisfaite.


FIN.

# TABLE DES MATIÈRES.

Paragraphes.                                            Pages.

SECONDE PARTIE. — *Calendrier mensuel du vigneron ou indication des divers travaux à exécuter chaque mois.*



TROISIÈME PARTIE. — *Culture des hautains, soit treillages élevés dans les champs.*

QUATRIÈME PARTIE. — *Nouvelles observations pratiques
sur les phénomènes de la végétation de la vigne.*



CINQUIÈME PARTIE. — *De la vendange et de la
vinification.*

Rennes, typ. Ch. Oberthur, M^on à Paris, rue des Blancs-Manteaux, 35.

# BIBLIOGRAPHIE DU VIGNERON.


ARMAILHACQ (D'). **La culture des vignes**, la vinification et les vins de Médoc, avec un état des vignobles réputés. 1 vol. in-8, 581 p.                                                    6 fr.

ARTHAUD (le docteur), de Bordeaux. **De la vigne et de ses produits**. 1 vol. in-8, 364 p.                                         5 fr.

BASSET (R). **La vigne**. Leçons familières sur la gelée et l'oïdium, leurs causes réelles et les moyens d'en prévenir ou d'en atténuer les effets. 1 vol. in-12 de 538 p.                   5 fr.

— **Traité complet d'alcoolisation générale, guide du fabricant d'alcools**. In-18 jésus, 503 p., 1 pl. et 2 tableaux.                                                              6 fr.

—**Culture et alcoolisation de la betterave**. In-12. 2 fr. 50

BATILLIAT (A.). **Traité sur les vins de France**. Des phénomènes qui se passent dans les vins et des moyens d'en accélérer ou d'en retarder la marche. Des moyens de vieillir ou rajeunir les vins. Des produits qui dérivent des vins, eaux-de-vie, esprits, vinaigres, tartres et vinasses. 1 vol. in-8 de 352 p., avec 4 pl.                                            7 fr. 50.

BÉCHAMP. **Leçons** sur la fermentation vineuse et sur la fabrication du vin. In-12 de 150 p. Montpellier.         2 fr. 50.

BENOIT (P.-M.-N). **Théorie générale des pèse-liqueurs** appliquée à la construction et à l'emploi de toutes sortes d'aréomètres entièrement comparables; avec des tables aréométriques très-étendues, donnant les pesanteurs spécifiques, correspondant aux divers degrés des pèse-liqueurs en usage; le titre des eaux-de-vie, des acides sulfuriques, etc. 1 vol. in-8, 108 p. et 1 pl.                                               3 fr. 50.

BRUN (Jacques), pharmacien. **Fraudes et maladies du vin.**
Moyens de les reconnaître et de les corriger, avec un traité des
procédés à suivre pour faire l'analyse chimique de tous les
vins.                                                     3 fr.
Bibliothèque des professions industrielles et agricoles, série B, nᵒ 12.

CARRIÈRE. **La Vigne.** In-8°.                          3 fr. 50.

DUBIEF (L.-F). **Traité de la fabrication des liqueurs,**
3ᵉ édit. 1 vol., 228 p.                                  4 fr.
Bibliothèque des professions industrielles et agricoles, série G, nᵒ 50.

— **Guide pratique de la fabrication des vins factices.**
1 vol., 72 p.                                            1 fr. 50.
Bibliothèque des professions industrielles et agricoles, série I, nᵒ 1.

— **Traité théorique et pratique de vinification,** ou Art
de faire du vin avec toutes les substances fermentescibles, en
tous temps et sous tous les climats. 3ᵉ édit. 1 vol. in-8 de
359 p. et 1 pl.                                          7 fr. 50.

— **L'immense trésor des marchands de vin** en gros et en
détail. In-18 angl., 141 p.                             3 fr. 50.

— **Le liquoriste des dames.** 1 vol. in-12.            2 fr. 50.

DUBREUIL. **Culture perfectionnée du vignoble.** In-12,
208 p. et fig.                                           3 fr. 50.

FAURE (J.), pharmacien. **Analyse chimique et comparée
des vins** du département de la Gironde. Br. in-12 de 58 p.,
6 tabl.                                                  3 fr. 50.

FLEURY LACOSTE, président de la Société d'agriculture de la
Savoie. Guide pratique du **Vigneron et de la fabrication
des vins.** 1 vol. in-18 jésus.
Bibliothèque des professions industrielles et agricoles, série H, nᵒ 40.

FRANCK (W). **Traité sur les vins du Médoc et les autres
vins rouges et blancs** du département de la Gironde.
5ᵉ édit. In-8, IV-368 p.                                9 fr.

FRANÇOIS (A). **Nouveau Manuel du négociant et du dé-
bitant** de vins et eaux-de-vie, liqueurs, sirops, etc. 1 vol.
in-12, 179 p.                                            2 fr.

JOBARD-BUSSY. **Perfectionnement de la plantation de**

**la vigne,** produit immédiat et important obtenu par un nouveau système de pépinières, repeuplement des forêts, reboisement des montagnes. 1 br. in-8 de 102 p. et 1 pl.   1 fr. 50

JULIEN (A.). **Topographie de tous les vignobles connus,** 524 p. et tabl. (Rare).

LADREY. **L'art de faire les vins.** In-12.        3 fr.

LUNEL (Dr BENESTOR). **Traité de la fabrication des vins.** 2e édit. in-18, 175 p.                          6 fr.

MACHARD (Henri). **Traité pratique sur les vins.** 3e édit. du Traité de vinification, revue et considérablement augmentée. 1 vol. in-18, 344 p.                      3 fr. 50

MAUMENÉ (E.-J.). **Indications théoriques et pratiques** sur le travail des vins, et en particulier des vins mousseux. 1 vol grand in-8, avec 100 figures dans le texte.   12 fr.

ODART (le comte), **Manuel du Vigneron.** 1 vol. in-12 538 p.                                  4 fr. 50

PAYEN. **Traité complet de la distillation** des principales substances qui peuvent fournir de l'alcool: vins, grains, betteraves, fécules, tiges, etc., etc.; deuxième édition, revue et augmentée, avec 36 fig. dans le texte et 16 pl. in-8, 991 p. 9 fr.

PEYROU. **Le parfait maître de chai,** ou Guide complet à l'usage des propriétaires de caves, des commerçants de liquides et de toutes les personnes qui ont des vins et eaux-de-vie à soigner, etc. 1 volume in-8 de 336 p. et 9 pl.   5 fr.

RAY. **Traité pratique de vinification.** In-12.   1 fr. 25

**Réduction de l'alcool à tous les degrés,** proportions générales des mouillages et mélanges des spiritueux et des vins en toutes qualités, de tous crus et en quantités quelconques, etc. 1 vol. in-12.                            2 fr.

STOLTZ. **Ampélographie rhénane.** In-4 accompagné de 32 pl. lithog. coul. 50 fr., figures noires.        40 fr.

TESTULAT (Henrion). **Viticulture moderne.** Préservateur champenois, appareils protecteurs contre la gelée, la coulure, etc. In-8 de 30 p.                          60 c.

TROUILLET. **Culture de la vigne.** In-12.          2 fr.

# ANNALES DU GÉNIE CIVIL

### ET

Recueil de Mémoires sur les Mathématiques pures et appliquées, — les Ponts-et-Chaussées, — les Routes et Chemins de fer, — les Constructions et la Navigation maritime et fluviale, — les Mines, — l'Architecture, — la Métallurgie, — la Chimie, — la Physique, — les Arts mécaniques, — l'Économie industrielle, — le Génie rural,

## REVUE DESCRIPTIVE DE L'INDUSTRIE FRANÇAISE ET ÉTRANGÈRE

PUBLIÉES PAR UNE RÉUNION D'INGÉNIEURS, D'ARCHITECTES, DE PROFESSEURS ET D'ANCIENS ÉLÈVES

### de l'École centrale et des écoles d'Arts et Métiers

Avec le concours d'ingénieurs et de savants étrangers.

CONDITIONS DE LA SOUSCRIPTION. — Les *Annales du Génie civil* paraissent mensuellement, depuis le 1er janvier 1862, par brochures de 4 à 5 feuilles grand in-8°, avec figures intercalées dans le texte, et 3 ou 4 planches in-4° et in-folio, de manière à former chaque année un volume d'environ 800 pages et un atlas de 35 à 40 planches.

### PRIX DE L'ABONNEMENT ANNUEL.

| | | |
|---|---|---|
| Pour toute la France *(franco)*..................... | 20 fr. | » |
| Pour l'étranger *(franco)*......................... | 25 | » |
| Les numéros ou articles se vendent séparément....... | 3 | » |
| Pour l'étranger *(franco)*......................... | 3 | 50 |
| Prix de chaque année écoulée, prise séparément, pour la France *(franco)*..................... | 25 | » |
| Pour l'étranger *(franco)*......................... | 30 | » |

Les recouvrements sur la province étant très-onéreux pour des sommes au-dessous de 100 francs, et quelquefois impossibles pour certaines localités, nous prions instamment nos abonnés de suivre le mode que nous leur indiquons :

On s'abonne en adressant (franco), à l'ordre de **M. EUGÈNE LACROIX**, Propriétaire-Gérant, demeurant à Paris, 15, quai Malaquais, un mandat sur la poste ou un effet à vue sur Paris de la somme de **VINGT** francs. Les nouveaux abonnés qui prennent en même temps ou qui s'engagent à prendre dans un temps déterminé les années parues, ne les payeront que **VINGT** francs.

LES ABONNEMENTS PARTENT DU 1er JANVIER.

# LA SCIENCE PITTORESQUE

## ANCIEN MUSÉE DES SCIENCES

OU

## LA SCIENCE VULGARISÉE ET MISE A LA PORTÉE DE TOUT LE MONDE

RECUEIL DE NOTES ET D'OBSERVATIONS
SUR TOUS LES FAITS NOUVEAUX QUI SE PRODUISENT

### REVUE [GÉNÉRALE

DU PROGRÈS DES SCIENCES, DE L'INDUSTRIE ET DE L'AGRICULTURE

**EUGÈNE LACROIX**
Directeur.

**A. JEUNESSE**
Rédacteur en chef.

———❦———

## PROGRAMME

### Des questions traitées dans le cours d'une année :

Analyses des travaux des Sociétés savantes en France et à l'étranger. — Mécanique. — Géologie. — Botanique. — Histoire naturelle. — Astronomie, marine et voyages. — Machines à vapeur, à air, à gaz, etc. — Chimie. — Physique. — Électricité. — Magnétisme. — Télégraphie. — Photographie. — Études sur les moteurs en général. — Nouvelles agricoles : jardinage, horticulture, etc. — Économie domestique : recettes utiles, applications de chimie usuelle, hygiène. — Recherches historiques concernant les hommes qui se sont illustrés dans l'industrie et dans l'agriculture. — Correspondance. — Bibliographie.

LA SCIENCE PITTORESQUE, journal illustré, paraît tous les jeudis.

La première série de cette publication se compose de dix années (1856 à 65), au prix de 8 fr. l'une. — On ne peut plus se procurer à ce prix que les années 1862, 1863, 1864 et 1865. Les six premières années sont rares.

*La 1ʳᵉ année de la 2ᵉ série a commencé le 1ᵉʳ janvier 1866.*

Abonnement d'un an : Paris, 5 fr.; — départements et Algérie, 6 fr.; — étranger, 9 fr. — Le port en sus pour les pays d'outre-mer.

Prix du numéro : 10 centimes.

# LA
# SCIENCE POPULAIRE

OU

## REVUE

### DU PROGRÈS DES CONNAISSANCES

ET DE LEURS APPLICATIONS

## AUX ARTS ET A L'INDUSTRIE

PAR

## M. J. RAMBOSSON

Ancien rédacteur en chef du journal *la Science pour tous*, ancien président de la classe des sciences de la Société des arts, sciences, belles-lettres et industries de Paris, ancien directeur du journal *la Malle* à l'île de la Réunion, rédacteur des revues scientifiques de la *Gazette de France*, etc.

———

Par an, un volume in-18 d'environ 500 pages, illustré de nombreuses figures, paraît depuis 1863.

Prix de l'année ou volume......... **3 fr. 50.**

(En vente les années 1863, 1864, 1865, 1866.)